Diana Twede e Ron Goddard

Materiais para **embalagens**

Tradução da 2ª edição americana

Volume 3

Tradução
Sebastião V. Canevarolo Jr.
Engenheiro de Materiais e Mestre
formado pela UFSCar

Título original:
Packaging materials

A edição em inglês foi publicada
pela Pira International Ltd

Copyright 2004© Pira International Ltd
© 2010 Editora Edgard Blücher Ltda.

Blucher

Edgard Blücher *Publisher*
Eduardo Blücher *Editor*
Rosemeire Carlos Pinto *Editor de Desenvolvimento*

Sebastião V. Canevarolo Jr. *Tradutor*
Fabio Mestriner *Revisor Técnico*
Henrique Toma *Revisor Técnico*

Adair Rangel de Oliveira Junior *Revisor Técnico Quattor*
Danielle Lauzem Santana *Revisora Técnica Quattor*
Yuzi Shudo *Revisor Técnico Quattor*
Marcus Vinicius Trisotto *Revisor Técnico Quattor*
Martin David Rangel Clemesha *Revisor Técnico Quattor*
Selma Barbosa Jaconis *Revisora Técnica Quattor*

Know-how Editorial *Editoração*
Marcos Soel *Revisão gramatical*
Lara Vollmer *Capa*

Segundo Novo Acordo Ortográfico, conforme 5. ed.
do Vocabulário Ortográfico da Língua Portuguesa,
Academia Brasileira de Letras, março de 2009.

Rua Pedroso Alvarenga, 1245, 4º andar
04531-012 – São Paulo – SP – Brasil
Tel 55 11 3078-5366
editora@blucher.com.br
www.blucher.com.br

É proibida a reprodução total ou parcial por quaisquer meios,
sem autorização escrita da Editora.

Todos os direitos reservados pela Editora Edgard Blücher Ltda.

Dados Internacionais de Catalogação na Publicação
(Câmara Brasileira do Livro, SP, Brasil)

Twede, Diana
   Materiais para embalagens / Diana Twede e Ron
Goddard; tradução da 2ª edição americana: Sebastião
V. Canevarolo Jr. São Paulo : Editora Blucher, 2010.

   Título original: Packaging materials.

   ISBN 978-85-212-0445-9

   1. Materiais para embalagens I. Goddard, Ron
II. Título

08-6309   CDD-658.564

Índice para catálogo sistemático:
1. Materiais para embalagens:
Administração   658.564

A grande finalidade do conhecimento
não é conhecer, mas agir.

Thomas H. Huxley

Dedicamos o resultado deste trabalho a toda a cadeia produtiva
de embalagens: fornecedores de matéria-prima, indústria,
transporte e fornecedores de embalagens, indústria gráfica
e usuários, que, a partir desta experiência, contarão com
mais subsídios para usufruto e inovação na produção
e no consumo das embalagens.

Agradecemos a todos que se envolveram no processo de pesquisa
e desenvolvimento da Coleção Quattor, em especial as empresas
Editora e Gráfica Salesianas, Editora Blucher,
Gráfica Printon, Vitopel, EBR Papéis,
Know-How Editorial e Gráfica Ideal.

Agradecemos em especial a dedicação incondicional
de Roberto Ribeiro, Andre Luis Gimenez Giglio, Armando Bighetti e
Gustavo Sampaio de Souza (Quattor), Sinclair Fittipaldi (Lyondell Basell),
José Ricardo Roriz Coelho (Vitopel), Marcelo Trovo (Salesianas),
Renato Pilon (Antilhas), Celso Armentano e
Gerson Guimarães (SunChemical do Brasil),
Fabio Mestriner (ESPM), Douglas Bello (Vitopel),
Sr. Luiz Fernando Guedes (Printon),
Sr. Renato Caprini (Gráfica Ideal),
e aos editores Eduardo Blucher e
Rosemeire Carlos Pinto (Editora Blucher).

prefácio da
edição brasileira

Imagine a sua vida sem as embalagens: todos os produtos vendidos a granel, expostos em prateleiras e sem identificação do fabricante ou data de validade.

Impossível? Certamente. Pela relação vantajosa mútua, produto e embalagem assumiram uma relação de simbiose. Arriscamo-nos a dizer que a quase totalidade de transações comerciais atuais não ocorreria sem a presença das embalagens e sem o seu constante aperfeiçoamento. Os prejuízos seriam incontáveis, não somente do ponto de vista financeiro mas também da saúde pública e da conveniência e conforto para nossas vidas.

É longa e criativa a trajetória humana no campo das embalagens. Das demandas iniciais até a sofisticação atual, voltada ao atendimento dos setores comercial e de transporte de produtos, contam-se mais de 200 anos. Da primeira folha vegetal *in natura* e das caixas de madeira, passando por artísticos potes de cerâmica, latas e vidros de alimentos, até a profusão de materiais empregados atualmente, inclusive com apoio da nanotecnologia, muito se experimentou e se descobriu. Um dos mais bem-sucedidos exemplos dessa trajetória diz respeito às embalagens plásticas, que vêm revolucionando e contribuindo para a geração de valor das diversas cadeias em que estão presentes, proporcionando mais segurança aos usuários, além de aumento do *shelf-life*.

Pesquisas brasileiras indicam que 85% das escolhas do consumidor são feitas no ponto de venda, apoiadas no binômio marca-fabricante, mas de forma associada a outro: design–apelo visual, características facilmente alcançadas quando a embalagem incorpora a nobreza do plástico. Da mesma forma que o plástico influencia a decisão de compra, influenciou a Quattor a celebrar esta parceria com a Editora Blucher, para trazer ao mercado a Coleção Quattor Embalagens que, além disso, cumpre o importante papel de minimizar a lacuna bibliográfica brasileira sobre o tema.

A Coleção Quattor Embalagens é formada por cinco volumes: *Embalagens flexíveis*, *Nanotecnologia em embalagens*, *Materiais para embalagens*, *Estudo de embalagens para o varejo* e *Estratégias de design para embalagens*. O leitor ou o pesquisador interessado está na iminência de iniciar uma verdadeira viagem por um dos mais importantes setores da economia mundial.

Bem-vindo ao mundo da Nova Geração da Petroquímica: o melhor em matérias-primas para produção de embalagens, o melhor em informação para produção de conhecimento.

Marco Antonio Quirino
Vice-Presidente Polietilenos

Armando Bighetti
Vice-Presidente Polipropilenos

apresentação

Desde o início da civilização e da utilização de embalagens, os materiais constituem um dos pilares de sustentação de sua evolução. Materiais e processos são os fundamentos da fabricação e da operação das embalagens nas linhas de produção, estando intimamente ligados, pois um é diretamente relacionado ao desempenho do outro.

Entretanto, os materiais experimentaram um impressionante processo evolutivo, ganhando impulso com o surgimento dos materiais sintéticos a partir dos anos 1930.

No princípio, a argila virava cerâmica, as fibras naturais produziam cordas, tecidos e enfardamentos; depois, a madeira virava caixas e tonéis. Só mais tarde surgiu o vidro, porque seu processo de fabricação exigia mais recursos físicos e tecnológicos.

Os metais e suas ligas e os materiais modernos, como o alumínio e os plásticos, vieram abrindo novas fronteiras e possibilidades para uma indústria que acompanhou, passo a passo, a evolução do modo de vida na nossa sociedade.

As questões de abastecimento cada vez mais críticas e complexas, o transporte dos produtos a distâncias cada vez maiores, além da exigência crescente de novos produtos, fizeram com que a indústria de embalagem realizasse saltos qualitativos, inventando materiais e formas de utilizá-los.

Assim, materiais puros ou combinados de múltiplas formas ganharam aplicações eficientes em uma dinâmica que hoje é a marca registrada da indústria de embalagem. Uma indústria inovadora por excelência, na qual todos os fabricantes buscam, o tempo todo, encontrar soluções que possam resultar em vantagem competitiva. E todas as vezes que uma empresa consegue uma solução vencedora, ela obriga as demais a se movimentarem para reduzir sua vantagem ou para superá-la com novas soluções. Essa dinâmica frenética tem levado a indústria a alcançar elevados níveis de inovação e de criatividade, o que faz dela, atualmente, uma atividade estratégica com impacto direto no desempenho e no progresso das nações.

Nesse sentido, a Coleção Quattor Embalagem, lançada pela Editora Blucher, traz uma grande contribuição ao Brasil, por difundir um conhecimento essencial ao desenvolvimento das gerações que estão sendo formadas nas escolas, bem como aos profissionais que já atuam na área.

Os livros do Pira, os quais tenho a satisfação de apresentar, são reconhecidamente o que há de melhor sobre o tema, pois esse instituto reúne especialistas renomados que se dedicam profundamente ao estudo da embalagem em seus vários aspectos.

O conhecimento dos materiais reveste-se de importância capital para quem trabalha com embalagens, e faltava-nos uma bibliografia mais específica sobre o tema.

Estou certo de que esta obra abrirá novas possibilidades para o estudo do tema, estimulando até mesmo o surgimento de outros trabalhos que venham a completar e ampliar esse conhecimento, uma vez que nosso país é grande produtor da maioria das matérias-primas utilizadas na fabricação de embalagens, além de termos grandes especialistas no assunto.

Fabio Mestriner

Professor-coordenador do Núcleo de Estudos da Embalagem da Escola Superior de Propaganda e Marketing (ESPM) e professor do Curso de Pós-graduação em Engenharia de Embalagem da Escola de Tecnologia Mauá.

conteúdo

Lista de figuras xxi

Lista de tabelas xxiii

Abreviações e acrônimos xxvii

Parte 1 – Fatores que influenciam a seleção de materiais 1

1 A seleção e o uso de materiais para embalagem 3

Estratégias para redução e conservação 5
Fatores externos influenciando a escolha dos materiais 7
  Recursos naturais 7
  Demografia e mudanças de mercado 10
  Desenvolvimentos tecnológicos globais 12
Necessidades para a seleção de materiais para embalagem 12
  Requisitos para o desempenho do material 13
  Estilos de embalagem 14
  Métodos de manufatura 15
  Decoração 15
  Economia 16
Referências da Parte 1 17

Parte 2 – Levantamento dos materiais tradicionais 19

2 Materiais provenientes da madeira e do papel 21

Papel 21
  Processo de fabricação do papel 22
  Tipos de embalagem 24
  Novos desenvolvimentos 26

Papelão 27
Papelão ondulado 28
  Suporte de carga 28
Madeira 32
Cortiça 34

3 Vidro 35

Melhorias na resistência mecânica e redução de peso 36
Novos desenvolvimentos 38

4 Metais 39

Latas 39
  Aços estanhados e tipos não estanhados 40
  Manufatura de latas com duas e três partes 40
  Latas de alumínio 42
  Novos desenvolvimentos para latas 43
Folhas de alumínio e bandejas 44
Tambores e bombonas de aço 45
Referências da Parte 2 45

Parte 3 – Materiais sintéticos 47

5 Introdução aos plásticos 49

Processamento de plásticos 53
  Fabricação de filme 54
  Moldagem de plásticos rígidos 54
Reciclagem 59

6 Poliolefinas – polietileno e polipropileno 61

Polietileno (PE) 62
  Polietileno de alta densidade (PEAD) 63
  Polietileno de baixa densidade (PEBD) 65

Polietileno linear de baixa densidade (PELBD) 67
Novos desenvolvimentos – PEUBD e catalisadores metalocenos 68
Polipropileno (PP) 69
Filme de polipropileno 71
Polipropileno moldado 72

7 Polímeros vinílicos 73

Poli(cloreto de vinila) (PVC) 73
Poli(cloreto de vinilideno) (PVdC) 76
Poli(álcool vinílico) (PVOH), copolímero de etileno e álcool vinílico (EVOH)
e copolímero de etileno e acetato de vinila (EVA) 77

8 Plásticos estirênicos 81

Poliestireno (PS) 81
Poliestireno para finalidades gerais 81
Poliestireno de alto impacto (PSAI) 83
Copolímeros estirênicos – ABS, SAN e SBC 84

9 Poliésteres 87

Poli(etileno tereftalato) (PET) 87
Garrafas PET 87
Filmes de PET 90
PET termoformado – APET e CPET 91
Poliésteres de alto desempenho – PCTA, PETG e PEN 92

10 Náilon (poliamida) 95

Filme de náilon 95

11 Celofane (filme de celulose regenerado) 99

Acetato de celulose 101

12 Desempenho e propriedades de barreira dos plásticos 103

Comparação das propriedades de barreira 103
Outros plásticos de alta barreira – Polímeros nitrílicos
   e fluoropolímeros 105
Comparação da resistência mecânica 106
Outros plásticos de alto desempenho 107
   Policarbonato (PC) 107
   Plásticos de alta temperatura 108
   Poliuretanas 109
   Copolímeros grafitizados, ionômeros 109
   Polímeros de cristal líquido (LCPs) 110
Referências da Parte 3 111

Parte 4 – Compósitos e materiais auxiliares 113

13 Embalagens flexíveis e outros materiais compósitos 115

Laminados e coextrusão 117
Tratamentos e revestimentos superficiais 120
   Revestimentos tradicionais 120
   Metalização a vácuo e deposição de sílica 121
   Tratamentos de superfície do plástico 124
Aditivos para plásticos 124
   Aditivos de processamento 125
   Modificadores de propriedade mecânica e de superfície 125
   Modificadores de envelhecimento 126
   Modificadores de propriedade ótica 126
Ligas e blendas poliméricas 126
Estruturas compostas de papelão-metal 127

14 Materiais auxiliares 129

Adesivos 129
   Adesivos naturais com base água 129
   Adesivos sintéticos com base água 130
   Adesivos termoplásticos 130
   Adesivos sensíveis à pressão 130

Fitas adesivas 131

Tintas 131

Materiais para rótulos 133

   Rótulos de papel 133

   Etiquetas plásticas 133

   Etiquetas inteligentes 135

Agentes de atmosfera modificada (ATM) 136

   Dessecantes 137

   Agentes refrescantes 137

   Inibidores voláteis de corrosão 138

   Filmes comestíveis 138

Referências da Parte 4 139

Parte 5 – Conclusões e referências 141

15 Comparação entre os materiais e conclusões 143

Avaliação do mercado de materiais 143

Desempenho técnico dos materiais 146

Perfil ambiental dos materiais 148

Conclusões 150

16 Biblioteca de materiais para embalagem 151

Tecnologia de embalagem geral 151

Parte 1: Fatores para seleção do material 151

Parte 2: Materiais tradicionais de embalagem 153

Parte 3: Materiais plásticos para embalagem 154

Parte 4: Compósitos e materiais auxiliares 157

Índice Remissivo 159

lista de
figuras

2 Figura **2-1**
Contêiner regular cortado e vincado 29

Figura **2-2**
Estruturas de papelão ondulado 31

4 Figura **4-1**
Costura dupla 41

5 Figura **5-1**
Diagrama de uma extrusora 53

Figura **5-2**
Equipamento típico de conformação de filmes por sopro 55

Figura **5-3**
Moldagem por estiramento e sopro 57

Figura **5-4**
Moldagem por injeção 57

Figura **5-5**
Termoformagem 58

Figura **5-6**
Sistema de código para reciclagem de resinas da SPI 59

6

Figura 6-1
Unidade repetitiva (mero) do polietileno 61

Figura 6-2
Diferentes tipos de cadeia apresentados pelo polietileno de alta densidade, baixa densidade e linear de baixa densidade 63

Figura 6-3
Polipropileno isotático e atático 69

7

Figura 7-1
Unidades de repetição (mero) de polietileno e PVC 73

13

Figura 13-1
Coextrusão 119

Figura 13-2
Esquema de um metalizador a vácuo 122

lista de
tabelas

1

Tabela **1-1**
Os maiores fornecedores mundiais de embalagem, 1994   4

Tabela **1-2**
Produção mundial de embalagem por valor e tonelagem, 1995   4

Tabela **1-3**
Custo da matéria-prima em relação ao custo total do contêiner   7

Tabela **1-4**
Taxas de material de embalagem reciclado nos Estados Unidos   9

Tabela **1-5**
Materiais para embalagem e suas formas   14

Tabela **1-6**
Opções de decorações para vários materiais de embalagem   16

2

Tabela **2-1**
Produção mundial de papel e papelão para embalagem, 1993-1994   22

Tabela **2-2**
Principais papéis de embalagem   25

Tabela **2-3**
Formas comuns de papelão ondulado   29

5

Tabela **5-1**
Consumo de plásticos no mundo, 1994-2000 (milhões de toneladas)   51

Tabela **5-2**
Tipos de polímeros usados em embalagem, somente Europa, 1989-1995   51

Tabela **5-3**
Faixas típicas de temperatura nas quais um plástico pode ser soldado   55

6

Tabela 6-1
Densidades relativas dos polietilenos 62

Tabela 6-2
Mercado de embalagens nos Estados Unidos para PEAD, 1997 65

Tabela 6-3
Mercado americano para embalagens de filmes convencionais de PEBD, 1997 66

Tabela 6-4
Mercado americano para embalagens de filmes de PELBD, 1997 67

Tabela 6-5
Mercado americano para PP, 1997 70

7

Tabela 7-1
Distribuição do mercado para o PVC nos Estados Unidos, 1997 74

Tabela 7-2
Estruturas e aplicações de EVOH 78

8

Tabela 8-1
Mercado de embalagens de PS nos Estados Unidos, 1997 82

9

Tabela 9-1
Mercado americano para embalagens de PET, 1997 88

12

Tabela 12-1
Taxas de transmissão de vapor de água de polímeros 104

Tabela 12-2
Permeabilidade ao oxigênio de alguns polímeros 104

Tabela 12-3
Propriedades mecânicas típicas de alguns plásticos de embalagem 107

lista de **tabelas**

13

Tabela **13-1**

Demanda de polímero/filme flexível para embalagem na Europa Ocidental, 1995-2001 (1.000 ton.) 116

15

Tabela **15-1**

Perfil do mercado na avaliação do desempenho 144

Tabela **15-2**

Avaliação do desempenho técnico 146

Tabela **15-3**

Avaliação do desempenho no meio ambiente 148

abreviações e
acrônimos

ABS	copolímero de acrilonitrila-butadieno-estireno
APET	poli(etileno tereftalato) amorfo
ATC	agentes de atmosfera controlada
ATM	agentes de atmosfera modificada
AVC	análise de ciclo de vida
BOPP	polipropileno biorientado
CFCs	clorofluorcarbonos
CPET	poli(etileno tereftalato) cristalizado
D&I (EUA)/DWI (Europa)	latas obtidas pela técnica de estiramento e fixação da parede
DRD	estira-reestira (*draw-redraw*)
EAA	copolímero de etileno e ácido acrílico
EBA	copolímero de etileno e acrilato de butila
EMA	copolímero de etileno e acrilato de metila
EMAA	copolímero de etileno- acrilato de metila-ácido acrílico
EPS	poliestireno expandido
EVA	copolímero de etileno e acetato de vinila
EVOH	copolímero de etileno e álcool vinílico
FFS	*form-fill-seal*
HFCs	hidrofluorcarbonos
ISBM	moldagem por injeção, estiramento e sopro
LCPs	polímeros de cristal líquido
OPP	polipropileno biorientado
PC	policarbonato
PE	polietileno
PEAD	polietileno de alta densidade
PEBD	polietileno de baixa densidade
PELBD	polietileno linear de baixa densidade

materiais para **embalagens**

XXX

PEN	poli(etileno naftalato)
PET	poli(etileno tereftalato)
PEUBD	polietileno de ultrabaixa densidade
PF	fenol-formaldeído
PP	polipropileno
PPO	polioxifenileno
PPS	poli(sulfeto de fenileno)
PS	poliestireno
PSAI	poliestireno de alto impacto
PVA	poli(acetato de vinila)
PVC	poli(cloreto de vinila)
PVdC	poli(cloreto de vinilideno)
PVOH	poli(álcool vinílico)
RFID	identificação por radiofrequência
SAN	copolímero de estireno-acrilonitrila
SB	copolímero de estireno-butadieno
SBC	copolímero de estireno-butadieno
SBS	papel-sulfite, limpo, claro e descorado
TPX	capolínero metilpenteno
UF	ureia-formaldeído
UNPVC	PVC não plastificado
VCM	monômero de cloreto de vinila

Parte 1

fatores que influenciam a
seleção de materiais

1

a seleção e o uso de materiais para
embalagem

Embalagem é um grande negócio. Por todo o mundo, grandes quantidades de materiais são utilizadas na produção de embalagem. Uma estimativa feita pela Organização Mundial de Embalagem informa que somente a quantidade do material atinge, por si só, a casa de 1.350 milhões de toneladas, com uma estimativa anual de valor acima de US$ 475 bilhões[1].

Além do uso do material, grande quantidade de outros recursos é aplicada na extração, purificação e processamento de materiais para embalagem. São utilizadas significativas quantidades de energia, sendo a maioria na forma de combustível fóssil. Também são necessários recursos para o enchimento, fechamento e descarte das embalagens.

A embalagem também facilita a movimentação de outros materiais em negócios, comércio e no intercâmbio de mercadorias. Todo produto, de alimento e produtos para consumidores a materiais de construção e peças automobilísticas, é transportado ou vendido, de alguma forma, de maneira acondicionada. Muitos produtos precisam fazer uso de uma série de embalagens durante sua transformação, da matéria-prima ao produto final.

A cultura da necessidade do uso de embalagem está relacionada a seus recursos, demografia e tecnologia.

A expansão do consumo de embalagens, mostrada na Tabela 1-1, reflete o grau de abundância e inovação nos países da Europa, Ásia e nos Estados Unidos. Essas são as três maiores regiões consumidoras do mundo, embora o consumo em outros países venha aumentando com o desenvolvimento.

Embalagem é uma atividade internacional e a troca de informação tecnológica sobre o assunto nunca esteve melhor. Qualquer desenvolvimento significativo em uma parte do mundo se torna conhecido, e de maneira muito rápida, a interessados em outras partes do planeta. Em vista do papel vital da embalagem na melhoria da qualidade de vida e na redução da perda dos alimentos e outros produtos nos países desenvolvidos, a troca de informação tecnológica é essencial.

materiais para **embalagens**

4

Tabela **1-1**

Os maiores fornecedores mundiais de embalagem, 1994

Posição	País	PIB US$ bilhões	Produção embalagem US$ milhões	Produção embalagem % PIB
1	Estados Unidos da América	6.638,2	95.862	1,4
2	Japão	4.651,1	69.329	1,5
3	Alemanha	2.041,5	24.851	1,2
4	França	1.318,9	16.925	1,3
5	Itália	1.020,2	15.518	1,5
6	Grã-Bretanha	1.013,6	13.185	1,3

Fonte: Howkins, M. *World Packaging Statistics.* Pira International (1997), p. 4

Existem quatro materiais básicos de embalagem: vidro, metal, plástico e materiais provenientes da madeira (incluindo papel e papelão). Dentro dessas quatro classificações há muitas variações, cada uma com um conjunto de propriedades únicas.

Os tipos mais usados de materiais para embalagem são papel e papelão – 34%, como mostrado na Tabela 1-2. Tal estimativa do consumo mundial de materiais para embalagem é imprecisa e provavelmente exclui muito dos materiais tradicionais que ainda são muito utilizados em certas partes do mundo, como, por exemplo, papel reutilizado e materiais naturais, como folhas de bananeira.

Tabela **1-2**

Produção mundial de embalagem por valor e tonelagem, 1995

	Estimativa anual em valor de embalagem		Estimativa anual em quantidade de embalagem	
	US$ bilhão	%	Milhões toneladas	%
Papel e papelão	160	34	500	37
Plásticos	140	30	300	22
Metal	120	25	150	11
Vidro	30	6	400	30
Outros	25	5	–	–
Total	**475**	**100**	**1.350**	**100**

Fonte: World Packaging Organization, citado por Howkins, M. *World Packaging Statistics.* Pira International (1997)

Os plásticos chegam muito próximos do primeiro colocado representando 30% (por valor) da produção de embalagem pelo mundo inteiro. Nos últimos anos, o plástico vem ganhando

capítulo 1 – a seleção e o uso de materiais para embalagem

5

fatias de mercado à custa de todos os outros materiais. Eles são os materiais mais jovens nas tecnologias de embalagem e ainda têm muito a subir na curva de crescimento.

As propriedades dos plásticos têm progredido muito desde que o primeiro plástico foi desenvolvido há cerca de 100 anos, e muito ocorreu desde o final da Segunda Guerra Mundial. Os plásticos de hoje podem ser encontrados com a mesma resistência física do aço, tendo a resistência térmica do alumínio, a facilidade de impressão do papel e as propriedades de barreira que se aproximam das do vidro. Embora alguns dos plásticos mais especializados, desenvolvidos para aplicações de engenharia, sejam muito caros para o uso em embalagem, pouca dúvida existe no sentido de que alguns dos materiais em desenvolvimento permitirão um maior avanço na área de embalagem. Este livro explora os plásticos de embalagem *commodities,* bem como alguns tipos especiais que estão sendo utilizados para novas aplicações.

A escolha dos materiais para embalagem depende das características do produto e do desempenho esperado da embalagem. O propósito da embalagem é proteger, conter e promover o seu conteúdo – bem como entregá-lo de forma utilizável – frequentemente para um só uso. Também é esperado que a embalagem facilite o uso do produto, incluindo facilidade para abertura, armazenamento, fechamento e descarte. Preocupações ambientais sobre a extensão do consumo e descarte da embalagem são também um fator importante nas considerações de profissionais em embalagens, na conservação dos materiais e na redução da embalagem no seu estado sólido.

O propósito deste livro é fornecer um levantamento dos materiais para embalagem. Nele é descrito cada material para embalagem, discutem-se as propriedades e aplicações dos materiais e indicam-se as opções de descarte. É focado o uso eficiente dos materiais, pois a redução e a conservação das embalagens também fazem sentido no campo econômico.

Estratégias para redução e conservação

Existe um certo número de enfoques que podem ser adotados para reduzir o custo e o montante de material utilizado em embalagem incluindo a substituição de materiais, a melhora do desempenho do material, a redução de perdas e o aumento da eficiência do processo de manufatura.

Embora algumas estratégias visando publicidade possam aumentar o uso dos materiais de maneira a fornecer mais características ao produto ou aumentar o espaço publicitário (e, portanto, aumentar as vendas), o objetivo da redução de material está na economia. Qualquer centavo economizado em custo de embalagem multiplica-se em lucro, devido ao alto volume de produção da maioria dos produtos.

O primeiro enfoque é a avaliação racional dos materiais que podem ser substituídos. A história da embalagem é uma história da progressão dos materiais, das peles, cestos e potes dos caçadores primitivos às formas plásticas coloridas que são encontradas nos supermercados modernos.

Cada novo material é visto como um substituto em potencial para um ou mais materiais existentes e em uso. Embalagens descartáveis foram sempre feitas de materiais disponíveis de mais baixo custo. Com a comercialização de materiais novos e de custo mais baixo, novas aplicações desses materiais são encontradas pelos produtores de embalagens.

Algumas vezes, há uma perfeita combinação e a substituição do material ocorre rapidamente. Por exemplo (como descrito nos Capítulos 6 e 11), filmes orientados de polipropileno rapidamente substituíram muitas aplicações do celofane, pois as propriedades do polipropileno são superiores, ele funciona bem no mesmo equipamento e é mais barato.

Em outras situações, existem limitações que fazem a substituição ser possível somente de maneira parcial. A substituição do vidro e metal pelos plásticos no caso de embalagem para alimento processado é um bom exemplo, considerando que as embalagens para alimentos precisam de melhores barreiras e melhor resistência ao calor do que muitos plásticos podem fornecer. Quando uma ameaça à competitividade como essa aparece, ela estimula o desenvolvimento de ambos, novos e velhos materiais.

Dentro dos principais grupos de materiais, o papel e o plástico tiveram, nos últimos anos, o maior crescimento. O metal e o vidro perderam espaço no mercado, tendo sido substituídos por plásticos ou por combinações de papel/plástico para muitas aplicações. Um dos propósitos deste livro é salientar a substituibilidade dos materiais usados para embalagem.

Um segundo enfoque ao desenvolvimento de materiais é melhorar o desempenho dos materiais já existentes, tornando possível o uso de menos material. Por exemplo, os produtores de plásticos estão continuamente pesquisando melhores formulações de plásticos *commodities*, como o uso de novos catalisadores metalocênicos na manufatura do polietileno (descrito no Capítulo 6), melhorando quase todas as suas propriedades.

Outro modo de melhorar os materiais já existentes é a combinação dos melhores aspectos de desempenho de um número de diferentes materiais, cada um contribuindo com seu melhor conjunto de propriedades para o resultado final. Exemplos incluem revestimento plástico para fortalecer e proteger vidros, e laminados de papel/alumínio/plástico para prolongar o tempo de vida de prateleira de produtos alimentícios. No Capítulo 12, são mostrados alguns métodos para melhorar a resistência de materiais de embalagem e as propriedades de barreira, dois dos atributos mais requeridos da embalagem. No Capítulo 13, é discutida a modificação de materiais, tais como revestimentos e combinações de materiais.

Um terceiro enfoque econômico é melhorar a utilização dos materiais, reduzindo perdas devidas às falhas de produção e fazendo melhor uso do refugo da planta produtora. A importância relativa da conservação dos materiais varia entre os diferentes tipos de materiais.

A Tabela 1-3 mostra a significância relativa dos custos das matérias-primas. Os metais estão no topo da escala – os materiais contam entre 75% e 80% do custo final de um contêiner de folha-de-flandres ou alumínio. Os materiais plásticos e o papel contam com cerca de 50% dos seus custos totais e o vidro, sendo a mais barata das matérias-primas (na maioria, areia), é o mais baixo, com 20-25%.

Os números referentes à utilização do refugo variam com o processo de manufatura utilizado e com o nível de tecnologia envolvido. Com a conversão de metais e papel, o refugo de uma planta produtora tem que ser coletado e retornado ao produtor primário do material. Os produtores de plásticos e vidro, por outro lado, podem normalmente colocar o refugo

capítulo **1** – a seleção e o uso de materiais para embalagem

direto de volta ao processo para produção de novos materiais ou contêineres. Igualmente, todos os quatro materiais podem ser facilmente reciclados após o uso.

Tabela **1-3**
Custo da matéria-prima em relação ao custo total do contêiner

Material	%
Metais	75-80
Papel	50
Plásticos	50
Vidro	20-25

Fonte: Howkins, M. *World Packaging Statistics.* Pira International (1997), p. 4

Um quarto impulso para o desenvolvimento de materiais é conseguir estar apto às demandas de velocidade das máquinas de alta velocidade de envase nas plantas manufatureiras. Ao mesmo tempo, produtores estão desenvolvendo estratégias de customização que favorecem ciclos de produção mais curtos com rápidas mudanças na produção.

Algumas vezes, um aspecto aparentemente pequeno de uma embalagem pode fazer uma grande diferença na produtividade das máquinas. O desenvolvimento de adesivos com solda a frio é um dos melhores exemplos, pois permite que máquinas horizontais do tipo *form-fill--seal* funcionem a velocidade muito alta e sejam utilizadas, extensivamente, na embalagem de produtos de confeitaria (como descrito no Capítulo 14).

Fatores externos influenciando a escolha dos materiais

Existem vários fatores naturais e sociais que influenciam a escolha – fornecimento e demanda – dos materiais. A disponibilidade de recursos naturais e o estado da tecnologia da embalagem afetam o fornecimento dos materiais. Normas sociais e culturais, tais como estilos de vida e meio ambiente, bem como tendência do marketing e distribuição, afetam a demanda do material para embalagem.

Recursos naturais

Historicamente, as pessoas utilizavam qualquer material que estivesse facilmente disponível e também aqueles dos quais se tivesse conhecimento e tecnologia para adaptá-los para tal fim. Portanto, embalagem começou com materiais naturais – cabaças, peles de animais e grandes folhas –, progrediu para materiais fáceis de trabalhar, como madeira e barro, e então para papel, metal, vidro e, finalmente, plásticos. Os plásticos são diferentes dos materiais anteriormente utilizados, em vista de não serem uma simples conversão de materiais existentes, mas que envolvem a modificação de estruturas químicas básicas para a produção de novos compostos que não existem naturalmente.

O modelo de desenvolvimento, entretanto, tem sido o mesmo para cada material, das descobertas em escalas pequenas até experimentos de grandes escalas de produção com custos diminuindo a cada estágio do descobrimento. Por exemplo, em 100 anos (de 1850 até

materiais para **embalagens**

meados de 1900), o alimento enlatado passou de um artigo de luxo para um produto comum e barato, como é hoje. Os processos para se fazer a folha-de-flandres, soldá-la e enchê-la tornaram-se muito mais eficientes.

A maioria dos recursos materiais utilizados para embalagem é renovável (madeira e fibras vegetais para caixas e embalagens de papel) ou muito abundante (areia para vidro, barro para cerâmica, minério de ferro para metal e bauxita para alumínio). Mesmo os recursos finitos, como o petróleo, usado como matéria-prima para plásticos, são relativamente abundantes considerando a pequena quantidade do petróleo consumido no mundo que é utilizada, de maneira eficiente, para a fabricação de plásticos.

O outro recurso primário usado na fabricação de todas as formas de embalagem é a energia. São utilizadas quatro fontes principais: combustível fóssil, energia de formas renováveis de curto tempo, tais como a queima da madeira, a energia grátis (solar, ondas do mar, vento e hidroelétrica) e a energia nuclear. Materiais diferentes requerem diferentes quantidades de energia.

É necessário dizer que todos os recursos não renováveis baseados nos minerais existentes na Terra podem ser recuperados; entretanto, muitos deles foram transformados durante o seu uso, considerando-se que suficiente energia esteja disponível. Isto levou alguns observadores a sugerir que, em longo prazo, o verdadeiro custo de todas as formas de embalagem será determinado pelo montante de energia empregada na sua produção e uso.

Embalagem também afeta o descarte dos recursos. Embalagem é cerca de 30% do peso do lixo doméstico. A oposição, por parte de comunidades, a aterros sanitários e incineração elevou muito o custo desse tipo de opção para descarte de embalagem. Os sistemas de reciclagem, enquanto redutores do volume de lixo, algumas vezes produziram efeitos ambientais piores do que o descarte em si, incluindo a poluição da água e do ar e alto uso de energia.

No mundo industrializado, muitas críticas são feitas às indústrias de embalagem por parte de ecologistas, grupos ambientalistas e consumidores. Os argumentos mais frequentes são que, para a embalagem, os recursos são utilizados de forma ruim e de maneira excessiva, afetando em grande parte o descarte de lixo utilizando grande quantidade de energia, incluindo combustível fóssil como matéria-prima para plásticos.

Nos últimos anos, houve um crescente apelo para que todos os produtos, incluindo a embalagem, sejam vistos como produtos *verdes* (isto é, sensíveis às necessidades ecológicas do planeta). A indústria de embalagem nem sempre respondeu às críticas de uma maneira produtiva, e produtores de um material (como plástico ou papel) têm algumas vezes culpado os produtores de materiais concorrentes. Um efeito de tal controvérsia é o endurecimento nas atitudes dos grupos ligados a atividades de proteção ao meio ambiente contra a indústria como um todo. Em alguns países, notadamente na Europa e o Japão, a reciclagem tornou-se agora uma ordem, a qualquer custo.

Um enfoque mais produtivo é entender as críticas e reduzir o fardo da embalagem sempre que isto for prático. De qualquer maneira, excesso de embalagem é custoso e raramente é uma estratégia de sucesso. Os produtores estão bem avisados para reduzir a utilização de

capítulo **1** – a seleção e o uso de materiais para embalagem

9

recursos para embalagem, e a redução de embalagem, há um bom tempo, é uma estratégia de sucesso para a redução de custo.

Todos os materiais de embalagem podem, tecnicamente, ser reciclados. Na Tabela 1-4 são mostradas as taxas de reciclagem de lixo sólido urbano nos Estados Unidos (sigla em inglês, MSW), em que reciclagem está mais baseada na economia do que em obrigatoriedades legais. O papelão ondulado tem tido, de longe, a melhor taxa de reciclagem, acima de 30%.

Tabela **1-4**

Taxas de material de embalagem reciclado nos Estados Unidos

Material			Recuperado	
	Milhões de toneladas	Porcentagem MSW	Milhões de toneladas	Porcentagem do total
Vidro	12,1	5,8	3,1	6,3
Aço	3,1	1,5	1,6	3,2
Alumínio	2,1	1,0	1,2	2,3
Papelão ondulado	28,4	13,6	15,7	31,9
Papel e papelão	9,4	4,5	1,4	2,8
Plástico	9,5	4,5	0,7	1,4
Madeira	10,2	4,9	1,4	2,9
Miscelâneas	0,2	0,1	–	–
Total	**75,0**	**35,9**	**25,1**	**50,8**

Fonte: Environmental Protection Agency. *Characterization of Municipal Solid Waste in the United States*: 1995 Update

A economia na reciclagem varia de acordo com o material. As dificuldades e os custos estão associados com a necessidade da seleção dos materiais, de maneira que eles possam ser homogeneamente reciclados. O papelão ondulado é econômico para a coleta em grandes quantidades, dos varejistas e armazéns, e é econômico para o reprocessamento. Entretanto, para alguns outros materiais, como filme de barreira multimateriais, misturados em pequenas quantidades com outras embalagens domésticas, utilizam-se, de maneira geral, a coleta, a seleção e o reprocessamento consomem mais recursos do que são economizados.

Além do mais, existe um conflito entre a fácil reciclagem de embalagens de um único material e o uso, de forma econômica, dos sistemas multimateriais. Embalagens multimateriais, embora forneçam proteção superior a baixo custo, podem seriamente prejudicar a economia de reutilização e reciclagem de rebarbas.

A demanda por maior reciclagem de embalagem – sob legislações em algumas partes da Europa e Japão – pode ter um importante efeito na seleção de materiais para embalagem. Os produtores de materiais e designers de embalagens podem afetar a facilidade com a qual a embalagem pode ser posteriormente coletada, identificada e reciclada para a produção de novos itens, mas à custa da utilização de materiais de forma menos eficiente.

materiais para **embalagens**

Alguns produtores de embalagem lançaram plásticos biodegradáveis e fotodegradáveis para melhorar o problema do lixo e embalagens que são enviados aos aterros sanitários, mesmo que ocorra, na realidade, pouca biodegradação nesses modernos aterros. Embalagens biodegradáveis têm um grande número de problemas, incluindo o fato de que a degradação pode ocorrer muito cedo, ainda durante a vida útil da embalagem.

No passado, o custo foi o primeiro método de acessar os materiais de embalagem. Críticas por parte dos ambientalistas argumentam que as análises tradicionais de custo da embalagem não incluem os custos, para a sociedade, de descarte e poluição.

A análise de ciclo de vida (AVC) é uma nova técnica que está ganhando força como método de avaliar o peso da embalagem sobre o ambiente. Ela leva em consideração os recursos que são necessários para: extração de matéria-prima, conversão do material para embalagem, enchimento da embalagem, distribuição do produto e o descarte da embalagem, reciclagem ou reutilização. Ela considera a renovabilidade dos recursos naturais, bem como os efeitos da poluição. Este enfoque "do berço à cova" pode ser útil para comparar embalagens alternativas.

Demografia e mudanças de mercado

A mudança de mercado que mais afetou a embalagem é a mudança ocorrida no século XX de pequenas lojas com funcionários atenciosos e prestativos para práticas de autoatendimento em grandes hipermercados. Na maioria das lojas de varejo de hoje, é esperado que a embalagem seja um *vendedor silencioso* atraindo atenção, ligando as prateleiras das lojas a comerciais da mídia e transmitindo informações importantes, como conteúdos nutricionais e advertências.

Embalagem facilita a compra por autoatendimento e o uso de todos os tipos de produtos para consumidores, de alimento a xampus e a brinquedos. Materiais atrativos como hologramas, por exemplo, são usados para atrair os compradores, e características para facilitar o uso, como abrir e fechar o produto mais facilmente, tendem a fazer os compradores serem leais às marcas.

A função da embalagem como publicidade foi considerada culpada pelo uso excessivo de materiais de embalagem, sendo que os produtores têm explorado o visual do produto na prateleira, fazendo do tamanho das embalagens o maior possível. Cada vez mais, os consumidores não se têm deixado envolver por essa estratégia. Consumidores reclamam que a embalagem aumenta de maneira desnecessária o custo do produto, pode limitar a escolha do consumidor e ser usada de maneira enganosa, e que constitui a maior quantidade do lixo em aterros sanitários.

Os tomadores de decisão sobre embalagem devem pesar os benefícios dos efeitos do impacto visual das embalagens nas lojas, fato que no passado parecia atrair os consumidores, contra a crescente demanda por um uso mais eficiente dos materiais. Nos últimos anos, estratégias de concentração do produto e redução de embalagem ganharam fatia de mercado.

A segunda mudança no mercado, com grande importância para embalagem, é a demografia. Nos últimos anos, grandes mudanças ocorreram nos padrões sociais e, enquanto esses padrões estão em diferentes estágios em diferentes partes do mundo, a tendência geral é similar.

capítulo **1** – a seleção e o uso de materiais para embalagem

11

O maior segmento da indústria de embalagem relaciona-se aos alimentos. Produtores de alimentos são os mais sensíveis a mudanças no estilo de vida e demografia, pois as mudanças afetam o – e são afetadas pelo – modo como nós comemos e preparamos o alimento.

Mais e mais mulheres trabalham fora de casa, e portanto existe uma demanda crescente para maior conveniência na preparação dos alimentos. Um maior número da população é composto de pessoas que moram sozinhas, e a alimentação para a família tem se tornado menos comum, aumentando a demanda por refeições para uma só pessoa e de simples preparo. Junto com um crescimento dinâmico do forno de micro-ondas, essas mudanças têm levado a um grande aumento na demanda por refeições parcial ou totalmente prontas ou tipo *snacks*.

Tais refeições, convenientemente refrigeradas, necessitam de diferentes formas de embalagem, normalmente envolvendo um grande desempenho para melhorar o tempo de prateleira do produto. Para se conseguir um tempo de prateleira mais longo, são necessários materiais com propriedades de barreira superior (à água, ao oxigênio, à bactéria). No caso de produtos frescos, os materiais são selecionados para modificar a atmosfera dentro do pacote e diminuir a taxa de respiração do produto.

A demanda por embalagens que possam ser levadas ao forno de micro-ondas tem também estimulado o desenvolvimento de materiais resistentes ao calor que possam ser usados tanto no forno de micro-ondas quanto no forno convencional. Visto que fornos de micro-ondas não podem dourar o alimento, foram desenvolvidos materiais passíveis de metalização, permitindo a formação de locais com pontos quentes.

Outra importante tendência demográfica é o envelhecimento da população em muitas partes do mundo. Consumidores mais idosos têm necessidades especiais para informação do produto e formas ergonômicas, especialmente no que diz respeito a produtos médicos, que são mais frequentemente utilizados por pessoas idosas.

Em um futuro próximo, está a terceira tendência de marketing que é muito importante para embalagem. O desejo dos consumidores pela conveniência está sendo realizado por produtos solicitados por catálogos ou internet e entregues em domicílio. Roupas e móveis já são largamente pedidos por correio em alguns países (especialmente nos EUA). Entregas em domicílio de produtos de rápido consumo estão sendo testadas em muitos lugares e a previsão para eles é de crescimento.

Produtos entregues em domicílio estimularão algumas mudanças interessantes em embalagem: ela terá um papel diferente no sentido de estimular a escolha de compra. Embalagens funcionam menos para atrair compradores na primeira compra, mas irão atuar mais na decisão de compra, encorajando o comprador a comprar novamente. Para a entrega de alimentos em domicílio, os contêineres de transporte poderão necessitar de isolamento e refrigeração.

Entregas em domicílio e outros avanços na logística estimulam outras mudanças no desenho dos contêineres de transporte. Um novo enfoque de gestão da cadeia de suprimentos para logística requer que contêineres de transporte facilitem o fluxo do produto para operações de classificação. Com cadeia de suprimentos cada vez menor, existe menos armazenamento, incluindo a armazenagem em si e o processo de seleção e montagem do inventário para o transporte ou para o processo produtivo.Os pedidos são enviados diretamente do produtor ao varejista, com simples operações de classificação. Tais sistemas *just-in-time* podem criar

materiais para **embalagens**

oportunidades para que contêineres de transporte sejam mais eficientes. Por exemplo, pode ser justificado, em termos econômicos, o uso de contêineres retornáveis.

Para entregas diretas, seja em domicílio, empresas ou lojas, os contêineres de transporte precisam ser fáceis de classificar utilizando a automação. Em tais casos, as embalagens precisam ter materiais e dimensões-padrão (geralmente caixas de papelão ondulado ou embalagens plásticas reutilizáveis) e os códigos de barras precisam também estar em posições-padrão.

Desenvolvimentos tecnológicos globais

Embalagem é uma atividade verdadeiramente internacional. A informação tecnológica de marketing e as infraestruturas de logística agora permitem que a aquisição de materiais de fornecedores ocorra numa base global, com a embalagem sendo feita no ponto mais racional da cadeia de suprimentos.

A indústria da embalagem, dentro e fora dos limites geográficos dos países, está experimentando um longo período de reestruturação e consolidação, levando à polarização de mercados e empresas. Fornecedores internacionais de embalagem desenvolveram-se, levando os países a uma grande normalização dos materiais. Ao mesmo tempo, existem oportunidades para pequenos fornecedores para explorarem crescentes nichos de mercado com grande valor agregado potencial.

Embora as situações social, climática e de mercado difiram enormemente, a tecnologia é facilmente transferida pelo mundo. Aqueles que estão envolvidos nas inovações de embalagem consideram o mundo como uma fonte de inspiração e informação. Muitos concordam que o Japão representa o maior centro de inovação, enquanto os Estados Unidos e a Europa concentram-se em um menor número de desenvolvimentos, mas de grande escala.

No Japão, embalagem é tanto uma arte como uma ciência. Devido à sua base cultural, os consumidores japoneses apreciam a embalagem de alta qualidade e novidade. A tradição japonesa de presentear enfatiza a alta qualidade na apresentação, e a embalagem é considerada tão importante quanto o produto. Visando puramente a novidade, e frequentemente apenas por esse motivo, os produtores oferecerão uma grande variedade de embalagens induzindo o comprador à compra, especialmente nos setores de cerveja e refrigerantes, em que as pressões do mercado são altas. Enquanto outros mercados podem não requerer este nível de sofisticação – ou considerarem isto uma extravagância –, alguns desenvolvimentos técnicos encontrarão uso em outras situações.

Embalagem tem uma função significativa em nações em desenvolvimento econômico. Ela aumenta a proteção de bens domésticos e possibilita a exportação deles para novos mercados. Geralmente, o gasto em embalagem é muito menor nos países menos desenvolvidos. A maioria dos materiais e o desenho gráfico são menos sofisticados, mas a embalagem que existe é econômica, os sistemas para recuperação do material são eficientes e há muitas aplicações criativas utilizando materiais originais e tecnologia apropriada. Quando um país decide exportar seus produtos, é normalmente necessária uma melhoria da embalagem para aumentar a proteção e melhorar a comunicação gráfica.

Necessidades para a seleção de materiais para embalagem

Dada a grande variedade de materiais de embalagem que podem ser substituídos, a escolha dos materiais deve ser baseada nas exigências econômicas e de desempenho, que

capítulo **1** – a seleção e o uso de materiais para embalagem

devem considerar a natureza do produto, o desempenho esperado da embalagem, a função decorativa e de publicidade, método de manufatura, demandas legais e de segurança e, o mais importante, o custo total.

Requisitos para o desempenho do material

Os materiais e os estilos da embalagem deveriam sempre ser selecionados com base no seu desempenho. Considerando-se as várias opções, alguns certamente não serão adequados, enquanto outros deverão ser avaliados em termos de grau de conformidade.

O primeiro a ser considerado é o produto e suas características para se determinar os tipos de proteções que são necessárias. Também é importante considerar a natureza do canal de marketing para determinar o tempo e outras restrições envolvidas.

Em geral, alimentos têm os requisitos mais específicos para proteção quanto à embalagem. Alimentos secos requerem proteção quanto à umidade que podem encharcá-los. Alimentos que contêm gordura requerem proteção contra o oxigênio, pois este causa o ranço. Produtos frescos necessitam de proteção quanto à respiração, que os faz estragar. Todos os alimentos precisam ser protegidos contra contaminação, bactéria e vermes, que podem ocasionar doenças.

Claramente, as propriedades de barreia dos materiais de embalagem para alimentos têm uma consideração importante. Quanto mais longo o canal de marketing, mais importante a barreira se torna. Nos Capítulos 6-11 é examinado o desempenho de barreira de vários polímeros, e no Capítulo 12 é feita uma comparação entre os plásticos. Nos Capítulos 3 e 4 é mostrado por que o desempenho de barreira do metal e do vidro tem feito desses dois materiais os mais populares para a embalagem de alimentos há mais de 100 anos.

Alimentos e outros tipos de produtos também precisam de proteção contra danos mecânicos, cujas fontes são várias durante a distribuição. Impactos podem ocorrer durante o manuseio; a vibração ocorre durante o transporte e a compressão resulta do empilhamento. É importante entender o sistema específico de distribuição e os riscos envolvidos.

É importante também entender a resposta que o produto dá ao impacto, à vibração e compressão. A batata frita tipo *crisps* precisa de proteção contra a quebra. Os materiais de construção e os móveis modulados precisam de proteção nas quinas, de maneira a serem encaixados sem dificuldade. Equipamentos eletrônicos requerem proteção contra impactos, vibração e descarga eletrostática. As propriedades de acolchoamento/proteção e outros materiais usados no transporte são descritos neste livro. No Capítulo 12, consta uma comparação das propriedades mecânicas dos materiais plásticos.

Além do mais, as embalagens não devem interagir com o conteúdo. Isto é importante para produtos alimentares, em que o chumbo (proveniente das latas soldadas) e produtos migrantes dos plásticos revelaram-se contaminantes e um risco à saúde. A embalagem não deve deixar passar a cor ou causar abrasão. No caso de produtos químicos, a embalagem não deve dissolver, trincar ou se quebrar durante o contato.

Uma vez que as necessidades de proteção são definidas, deve-se compilar uma lista de materiais factíveis. A próxima consideração é como a embalagem será enchida e fechada.

Geralmente, a escolha final depende do processo que é compatível com os equipamentos e processos existentes. Alguns fatores incluem:

materiais para **embalagens**

▶ a habilidade de se soldar a quente ou de alguma outra maneira;

▶ a resistência a altas ou baixas temperaturas de processo, envase ou armazenamento;

▶ compatibilidade com os equipamentos de embalagem existentes; e

▶ segurança em atender os requerimentos legais (por exemplo: materiais perigosos).

Em cada capítulo em que se faz referência ao material, especialmente nos Capítulos de 6 a 13, nos quais são discutidos os plásticos e os laminados, incluem-se considerações de soldagem a quente e do processo de aquecimento, bem como questões de compatibilidade química.

Estilos de embalagem

Os materiais são convertidos em embalagens de vários modos. Alguns deles, como latas, garrafas e caixas, são fornecidos de uma forma já pronta. Outros são obtidos durante a produção, em máquinas de envase, tais como os tipos FFS feitos de materiais flexíveis, e papelão, feitos de rolos de papelão ou mantas pré-cortadas. A seleção de materiais e a forma da embalagem para qualquer produto específico são fortemente relacionadas. Cada material pode ser fabricado de muitas formas diferentes. Algumas dessas opções são mostradas na Tabela 1-5. Os plásticos são o grupo de materiais mais versáteis e podem ser trabalhados em qualquer forma.

A Tabela 1-5 está baseada em embalagens feitas de um só material. É cada vez mais comum combinar materiais para oferecer a melhor combinação de suas propriedades individuais. Por exemplo, um laminado flexível de papel/alumínio/polietileno utiliza o componente alumínio para uma barreira absoluta aos vapores de gás e água; o polietileno é um meio que permite solda a quente, aumenta a resistência mecânica e enche pequenos furos; o papel fornece uma forma, a baixo custo, de rigidez mecânica e uma excelente superfície para impressão. Tais materiais, combinados em várias proporções, fornecem alguns dos melhores materiais flexíveis conhecidos, variando de caixas para bebidas até *retort pouches* (embalagem flexível usada em substituição da lata metálica cilíndrica ou de embalagens de vidro), como descrito no Capítulo 13.

Tabela **1-5**

Materiais para embalagem e suas formas

Material	Formas possíveis											
	1	2	3	4	5	6	7	8	9	10	11	12
Alumínio	X	X	X	X	X	X			X			X
Vidro	X			X	X							
Folha-de-flandres/ aço sem estanho	X	X	X	X	X							
Papelão liso/ ondulado		X	X	X		X		X			X	X
Papel		X	X	X		X		X		X	X	
Plásticos	X	X	X	X	X	X	X	X	X	X	X	X
Laminado flexível		X	X	X		X	X	X	X	X		X

capítulo **1** – a seleção e o uso de materiais para embalagem

Formas

1 Garrafas e potes (não precisamente definidas, a diferença está principalmente na geometria e no tamanho da abertura)

2 Latas cilíndricas com abertura no topo e tambor cilíndrico

3 Embalagens quadradas ou em forma de paralelepípedo (formato de tijolo)

4 Embalagens de forma tridimensional irregular

5 Aerossol e outras embalagens pressurizadas

6 Sacola, sachê ou sacos

7 Grandes embalagens arredondadas em forma de linguiça

8 *Blister* (bolhas) e embalagens similares de papel rígido

9 Tubos colapsáveis

10 Sacos para transporte de materiais pesados

11 Caixas e bandejas para transporte

12 Contêineres de médio porte

Métodos de manufatura

A variedade de opções de manufatura de embalagem é maior do que pode parecer. Os métodos de manufatura mais comuns utilizados para cada material são:

▸ Alumínio metálico: extrusão por impacto, estiramento profundo, deformação a frio, fiação e, quando enrolado em folhas finas, qualquer processo de manufatura de flexível ou embalagem-cartão.

▸ Folha-de-flandres ou folha de aço sem estanho: enrola, dobra, costura e estampa multiestágio.

▸ Vidro: moldagem direta do forno para o formato final e sopro de fitas.

▸ Papel e papelão: moldagem da polpa, ondulação, prensagem a quente, embobinamento em espiral, corte, enrugamento, adesão e formação por travamento mecânico. Quando os componentes do papel são combinados com os plásticos, sua versatilidade é muito aumentada.

▸ Plásticos: moldagem a sopro por extrusão ou injeção, termoformagem, fabricação de chapas e adesão ou solda por calor ou radiofrequência, moldagem por injeção, produção de filme, laminação, fibrilação, transamento, perfuração etc.

As propriedades dos materiais podem ser influenciadas pelos seus processos. Hoje, com a grande variedade de materiais básicos disponíveis para embalagem, que podem ser usados tanto sozinhos como em combinação com outros, modificar a natureza deles por alguma técnica de processo pode algumas vezes fornecer até um maior espectro de propriedades. O tratamento pode ser conduzido na hora da manufatura ou como uma operação pós-fabricação. Exemplos incluem orientação (por deformação), tratamento de superfície, expansão de espumas, ligação cruzada por irradiação, cristalização, calandragem a frio e tratamento térmico, bem como misturas e combinações de várias maneiras.

Decoração

Outro elemento na seleção de materiais é a forma de decoração a ser usada. Muito frequentemente isso é deixado até que seja tomada a decisão do tipo do material, e então

16

materiais para **embalagens**

qualquer restrição que apareça, advinda da escolha do material, tem que ser trabalhada. A Tabela 1-6 mostra as opções de decoração que são viáveis para os vários tipos de materiais. Todas as formas de embalagem podem ser etiquetadas, mas papel e plástico são os mais fáceis para a impressão direta.

Tabela **1-6**

Opções de decorações para vários materiais de embalagem

Método para adquirir efeito decorativo	Apropriado para contêineres feitos de
Coloração própria – integral no material-base	Vidro, plástico, papel
Desenho gravado ou moldado	Plástico, metal, papel
Etiquetas adesivas ou contráteis (papel ou plásticos)	Todas as formas de materiais para embalagem
Etiquetas aderidas na peça em formação	Somente para plásticos

Os dois processos de impressão mais comuns em embalagem são flexografia e rotogravura. Flexografia usa uma placa borrachosa de impressão com alto relevo e tintas de secagem rápida. Pode ser usada para imprimir sobre uma grande variedade de substratos, incluindo filmes plásticos, folhas metálicas, papel revestido ou não, papelão e papelão ondulado. A rotogravura usa um cilindro estampado e fornece resultados mais consistentes. É utilizada em substratos lisos e durante longas escalas de produção, especialmente para caixas de papelão.

As embalagens podem ser decoradas usando *letterpress*, litografia, *silk screen* e processos de estampagem a quente. A impressão *letterpress* usa uma placa de metal rígida de imagem de relevo ou material fotopolimérico, requerendo um substrato muito suave, como papel revestido. É utilizada para etiquetas, papel-bolhas e decalques. *Offset letterpress* envolve primeiro uma impressão sobre uma manta que, por sua vez, transfere a imagem para o substrato. É usado principalmente para impressão de latas com duas partes. A litografia *offset* separa, de forma química em vez de relevo, as áreas de imagens daquelas sem imagem do rolo de impressão, utilizando tinta pastosa que adere somente na área de imagem. A imagem é então transferida para uma manta de borracha que pode imprimir em áreas ásperas, mas esta técnica funciona muito mal sobre plásticos.

A impressão *silkscreen* é usada para pequenas quantidades de partes rígidas, como frascos de cosméticos, onde se deseja uma imagem ligada ao luxo. A estampagem a quente é usada para efeitos metálicos e outros. A impressão jato de tinta utiliza um computador para gerar gotinhas de tinta no desenho e está cada vez mais sendo usada na impressão de textos para a demanda por códigos de data/lotes e na identificação de contêineres para transporte.

Novos desenvolvimentos estão ocorrendo de forma muito rápida no campo da impressão. Tecnologias de imagem, desenvolvidas para a indústria gráfica e computadores, vão certamente encontrar aplicações para a demanda na decoração de embalagens, permitindo escalas de produção mais curtas e um modo rápido para a diferenciação de produto.

Economia

Um desenho de embalagem deveria fazer uso dos materiais de maneira otimizada, ser fácil de usar, atrair e promover vendas, fornecer informação ao comprador e ser fácil de

capítulo **1** – a seleção e o uso de materiais para embalagem

17

descartar após a utilização. Todos esses critérios deveriam ser atendidos do modo mais econômico. Estabelecer critérios que englobem todos esses diferentes aspectos não é fácil e medi-los é ainda mais difícil.

É importante observar que a economia quanto aos diferentes métodos de manufatura, produção ou decoração deveria sempre ser comparada dentro de uma mesma base e incluir tanto benefícios como custo. É preciso salientar que, em se considerando economia de um material para embalagem, embalagem ou sistema, é o custo total que deve ser considerado.

Muito frequentemente, materiais ou embalagens são escolhidos baseando-se somente no seu preço de compra. Esquece-se que os custos associados, tais como envase, armazenamento, transporte, avaria/perda e a eficiência do varejo podem, todos, ter um impacto importante na economia como um todo. Por exemplo, um vidro de xampu pode ser mais barato que um alternativo em plástico do ponto de vista de compra, mas o fato de o vidro ser mais pesado, menos prático e mais vulnerável que o plástico pode resultar em custos de transporte maiores, custos de avaria maiores e uma incidência maior de ferimentos (e, portanto, estar sujeito a custos maiores).

Além do mais, a embalagem afeta o custo e a demanda para todo produto e para todo fator de produção, de alimentos a materiais de construção e peças automotivas. Todos os produtos são embalados de alguma forma e podem ser reembalados várias vezes antes do uso. Apesar de a embalagem representar de 5% a 10% do preço de varejo do produto, os custos de embalagem podem chegar a milhões de dólares para uma empresa multibilionária de alimentos ou de bebidas.

Entretanto, também é importante reconhecer que a embalagem é mais do que um centro de custo. Embalagem afeta diretamente as vendas e a lucratividade. Uma inovação na embalagem pode ter um preço maior de compra do que o contêiner que ela está substituindo, mas pode aumentar os lucros adicionando valor, aumentando a qualidade do produto, reduzindo avarias e melhorando a eficiência do produto e da distribuição.

Este livro, no entanto, é sobre materiais para embalagem e aborda muito pouco tais complexidades adicionais. Nos capítulos, é explorado cada material para embalagem por vez, resumindo-se suas propriedades e aplicações. Para dar um enfoque mais histórico, na Parte 2 há três capítulos sobre materiais tradicionais para embalagem: madeira, papel, papelão, papelão ondulado, metal e vidro. Na Parte 3, são explorados os materiais sintéticos (plásticos) em oito capítulos, e na Parte 4, são discutidos os materiais compósitos, enfatizando embalagens flexíveis e materiais auxiliares, variando de adesivos a acolchoamento. A bibliografia é fornecida para as referências específicas para as novas tecnologias que podem ter sido descritas somente em artigos recentes de periódicos. Esse livro termina com uma extensa referência bibliográfica e um índice.

Referências da Parte 1

[1]   Townshend, GK. "The packaging industry today". *Proc. International Packaging Conf.* Beijing, China, Packaging Tecnology Association (1996), p. 4-9, *cited in* Howkins, M. *World Packaging Statistics* 1997. Pira International (1997), p. 1. Deve-se frisar que as estimativas apresentadas ainda são discutíveis.

Parte 2

levantamento dos
materiais tradicionais

2

materiais provenientes da
madeira e do papel

Com exceção do barro e materiais naturais, como o junco e folhas, a madeira é o material mais antigo utilizado para embalagem. Como exemplo, baús de mais 5.000 anos foram encontrados nas tumbas no Egito. Exemplares mais recentes e mais bem preservados foram achados na tumba de Tutancamom.

O papel também tem sido utilizado há muito tempo. Em uma forma mais rude, o papiro foi primeiro produzido no Egito, de um sanduíche de materiais de plantas fibrosas. Já o processo moderno de fabricação do papel foi desenvolvido na China há mais de 2.000 anos. Entretanto, somente na metade do século XIX é que a polpa da madeira começou a ser usada para a fabricação do papel em larga escala e somente no século XX o papelão e o papelão ondulado tornaram-se materiais populares para embalagem.

Papel

O papel representa a maior proporção dos materiais usados para embalagem, 34% em valor e 37% em peso (ver Tabela 1-2). Vários papéis são utilizados para aplicações para embalagens flexíveis e muitos deles são revestidos ou laminados com plástico.

O papel oferece muitos benefícios. Tem um bom desempenho a um baixo custo. É rígido, opaco, de fácil impressão e versátil. Ele já provou ser sucesso para aplicações de embalagem e rótulos. Nos últimos anos, o seu perfil quanto ao meio ambiente o ajudou, mais que o vidro e o metal, a resistir de forma contínua à sua substituição por plástico.

O papel pode ser feito de várias formas naturais de celulose (madeira, algodão ou gramíneas) que podem ser maceradas em água e colocadas para secar ao calor e pressão como uma chapa lisa. A água amacia a superfície externa das fibras de celulose, que então se fundem quando são colocadas em contato com outras fibras, usando pressão ou sucção, ou ambas, em modernas máquinas de fabricação de papel. A aglutinação das fibras será fortalecida e enrijecida durante o estágio de calandragem, quando o papel é passado através de um conjunto de rolos metálicos aquecidos.

materiais para **embalagens**

Hoje, os papéis para embalagem são feitos de árvores de madeira mole, especialmente de abeto vermelho e pinho. Outras fontes provenientes de árvores incluem vidoeiro e eucalipto, mas sementes como algodão, fibras como linho, juta e cânhamo e gramas como feno, bagaço de cana e bambu, bem como estruturas folhosas, como o esparto e o sisal, todos têm uma mesma estrutura celulósica com a capacidade para formar fortes elos fibra-a-fibra, fazendo com que sejam propícios para a fabricação do papel. A composição da polpa de madeira, após a retirada da casca, é cerca de 40-45% de celulose e 5-10% de hemicelulose, mais lignina.

A indústria mundial de embalagem de papel e papelão está concentrada na Europa, Ásia e América do Norte (veja Tabela 2-1).

Tabela **2-1**

Produção mundial de papel e papelão para embalagem, 1993-1994

	Produção		Importação		Exportação		Consumo aparente	
	1993	1994	1993	1994	1993	1994	1993	1994
Europa	8.366	8.758	4.479	4.763	3.530	4.009	9.315	9.512
América do Norte	3.483	3.567	406	501	486	557	3.403	3.511
Ásia	3.791	4.529	985	1.136	194	250	4.582	5.415
Australásia	31	25	4	5	6	6	29	24
América Latina	1.015	536	74	88	21	23	1.068	601
África	381	189	140	144	5	5	516	328
Total	**17.067**	**17.604**	**6.088**	**6.637**	**4.242**	**4.850**	**18.913**	**19.391**

Fonte: Howkins, M. *World Packaging Statistics 1997*. Pira International (1997), p. 5

Processo de fabricação do papel

Existe um grande número de rotas de processos químicos e físicos nos quais a matéria-prima é convertida em papel, e todas se iniciam com uma redução física de tamanho. Este ato reduz a madeira em fibras ao tamanho desejado e amacia suas superfícies. Se pouco ou nenhum outro tratamento for feito, o produto final será uma grande produção, mas com um papel de baixa qualidade – classe mecânico. O principal uso deste produto final é papel para jornal, e as características de escurecimento e fragilização que ocorrem depois de exposto a forte luz solar têm como causa a degradação da lignina. Portanto, o papel desse tipo é conveniente apenas para produtos com vida muito curta.

A maioria dos papéis de embalagem está sujeita a processos químicos depois do estágio inicial de quebra mecânica. Esse é um modo mais suave de separar as fibras e ativar suas superfícies para iniciar a sua aglutinação. A madeira que foi moída é cozida em uma solução de ácido sulfídrico, para produzir um papel de embalagem, ou papel kraft descorado, ou sulfato alcalino para produzir papel para embalagem mais resistente e não descorado. Como a lignina e muito da hemicelulose são dissolvidos em soluções químicas, ambos os processos reduzem a produção.

capítulo 2 – materiais provenientes da madeira e do papel

Técnicas de melhoria na manufatura de papel, especialmente o uso de processo híbrido para a produção de polpa químico-mecânica, têm resultado em crescimento da produção, aumentando a produtividade de moinhos individuais, reduzindo custos e melhorando o perfil ambiental da indústria como um todo.

As propriedades do produto acabado dependem do grau de refinação e digestão química, incluindo-se a adição de outros produtos químicos, tais como descolorantes e agentes espessantes. Materiais de diferentes texturas e aparência, como papel de nitrocelulose, papel de seda e papel-cristal transparente podem ser os produtos finais, dependendo do processo utilizado.

No final dos processos mecânicos/químicos, resta uma fina pasta de fibras de celulose (somente cerca de 1% de peso em água). Esta pasta é então colocada em uma fina esteira em movimento, no processo Fourdrinier – utilizado para fazer a maioria dos papéis –, ou dentro de tambor de textura em rede no processo cilíndrico, utilizado geralmente para papelão, com a formação de sucessivas camadas resultando em uma camada grossa. A água é drenada através da tela, e vácuo é aplicado para compactar as fibras e extrair mais água antes de o papel ser levado aos estágios de secagem.

A grossura do papel é determinada pelo número de camadas de fibras que são adicionadas via série de alimentadores através dos quais a pasta fibrosa é vertida. Alguns produtores de papel fazem uso dessa multicamada para produzir níveis de cores diferentes ou textura dos dois lados do papel, para efeitos especiais. Similarmente, pode ser utilizada para fornecer um papel feito principalmente de fibras recicladas com uma fina camada de revestimento de fibras virgens para melhorar a aparência do papel. Outra aplicação é na produção do chamado acabamento perolado, no qual uma película de fibras brancas descoradas forma uma sobrecamada de papel não descorada para dar um efeito mosqueado, já que a cor marrom é vista através das áreas brancas mais finas.

O uso mais extensivo da produção multicamadas é na produção de papel-cartão, que, na realidade, é somente papel grosso. A definição do que constitui o papel e do que constitui o papelão não é universalmente acordada; geralmente, estruturas inferiores ou iguais a 0,012 polegada de espessura (12 "pontos" ou 300 μm) são consideradas papel. A norma ISO marca a transição em 250 g/m².

O descoramento do papel é uma área de preocupação pelos seus efeitos ambientais. O uso de produtos químicos contendo cloro leva à produção de pequenos restos de dioxina na água que é descartada da produção e até pequenas quantidades podem permanecer na polpa do papel. A dioxina causa danos quando é ingerida ou em contato com a pele. Embora não se tenha registro de incidente de efeitos em humanos com qualquer uma das fontes, há uma crescente preocupação com o assunto. Cientistas ligados à indústria de papel têm refinado métodos para identificar quantidades infinitamente pequenas quanto partes por quatrilhão. Entretanto, uma vez detectadas a qualquer nível, podem surgir preocupações, e moinhos de papel pelo mundo todo lançaram extensos programas para reduzir o uso de cloro nos seus processos de produção.

São duas as respostas à preocupação quanto ao descoramento. A primeira é no maior uso de papel não descorado, que também produz um material mais forte. A segunda é o uso de produtos químicos alternativos, no qual o descoramento é essencial. O oxigênio e o dióxido de cloro são os dois produtos químicos alternativos que estão sendo adotados; o dióxido de cloro reduz significativamente a quantidade de emissão de cloro, e o oxigênio o faz de forma completa.

Existem vários métodos de secagem final para modificar as propriedades do papel revestindo-o com verniz, dispersores aquosos, plástico fundido ou cera. O papel pode facilmente ser revestido com qualquer material termoplástico pela extrusão de uma camada fundida na sua superfície. O polietileno de baixa densidade é o mais utilizado, especialmente para materiais de barreiras altas, em que são fornecidas ambas, uma barreira à umidade e selagem. Outros plásticos utilizados incluem o PVdC, nitrocelulose, acrílicos e PET. Esta variedade de escolha torna possível uma igual variedade de materiais, com diferentes desempenhos para muitas aplicações. Tais revestimentos melhoram a resistência à umidade ou a propriedade de barreira (ou ambas), enquanto mantêm a impressão fácil e outros benefícios do papel.

O papel pode ser também laminado com outros materiais, incluindo alumínio, tecidos e não tecidos e redes de filamentos livres para melhorar as propriedades mecânicas e de barreira.

Tipos de embalagem

A mistura de insumos, a proporção de cargas utilizada, o grau de refino, a quantidade de carga, aglutinantes, tamanhos etc., junto com as variáveis particulares das máquinas de fazer papel e processos de acabamento, podem variar para produzir muitos tipos de papel. Os principais papéis para embalagem, bem como suas origens e usos, são mostrados na Tabela 2-2.

O papel kraft marrom para embalagem é original da Escandinávia. A palavra literalmente significa "forte", e ele é usado em sacolas de multiparedes e outras aplicações em que a resistência é necessária. Este papel é usado para formar a camada externa do papelão ondulado.

O papel-sulfite, limpo, claro e descorado (SBS) é branco por inteiro e é geralmente utilizado para resistência à água; ele tem excelentes características para a impressão. É usado para pequenas sacolas, *pouches*, etiquetas e para papel laminado. O papel kraft e o SBS podem também ser revestidos com argila para melhorar a superfície de impressão.

O papel-manteiga, o papel-cristal e o pergaminho são feitos para resistirem a óleo. São usados como uma camada de forro em embalagens para alimentos secos e gordurosos, tais como produtos alimentícios assados, alimento para cachorro e manteiga. O papel de seda é usado para embrulhar.

O papel não modificado pode ser usado como material para embalagem, para separar camadas, para enrijecer e preencher espaços. Quando convertido em sachês, envelopes e sacolas, os papéis para embalagem podem ser facilmente envasados à mão ou à máquina. Existe uma grande variedade disponível de adesivos. A sacola de papel multiparede é uma aplicação ideal para o papel com propriedades únicas, pois combina a rigidez de camadas múltiplas (podendo ser uma camada plástica devido a propriedades de barreira) com a excelente facilidade de impressão do papel.

Em etiquetas, estruturas laminadas e revestidas, o papel tem provado seu valor pela capacidade de combinar com todos os outros materiais para fazer um ótimo uso das propriedades de cada um deles. O papel permite usar uma impressão de alta qualidade em tais estruturas multicamadas.

Tabela **2-2**

Principais papéis de embalagem

Material básico	Como é feito?	Variação de peso		Resistência à tração	Propriedades e aplicações
		Libras	Quilo		
		1.000 pés²	**1.000 m²**		
Papéis para embalagem tipo kraft	Polpa sulfato sobre madeiras moles (p. ex., *spruce)*	14-60	70-300	Alta	Papel resistente, descorado, natural ou colorido; pode ser reforçado à umidade ou repelente à água, usado para sacolas, sacos multiparede e forros para papelão ondulado; descorado de várias formas para embalagem de alimentos, onde o reforço é necessário
Papéis-sulfite	Usualmente descorado e geralmente feito de mistura de madeira mole e madeira dura	7-60	35-300	Varia	Papel limpo, claro, de natureza excelente para impressão, usado para pequenas sacolas, envelopes, papéis encerados, *pouches,* etiquetas e para folhas laminadas etc.
Papel-manteiga	De polpa fortemente batida	14-30	70-150	Média	Resistente à gordura para produtos assados, partes industriais protegidas de gorduras e alimentos gordurosos
Papel-cristal ou *glassine*	Similar ao papel-manteiga mas supercalandrado	8-30	40-150	Média	Resistente a óleo e gordura, barreira a odor para sacolas, caixas etc. com forro para sabões, bandagens e alimentos gordurosos
Pergaminho vegetal	Tratamento de papéis de tamanhos diferentes com ácido sulfúrico concentrado	12-75	60-370	Alta	Não tóxico, alta resistência a umidade, óleo e gordura para alimentos gordurosos e úmidos, p. ex., manteiga, gorduras, peixe, carne etc.
Papel de seda	Papel leve de muitas polpas	4-10	20-50	Baixa	Leve, embalagem para produtos em prata, joias, flores, lingeries etc.

Fonte: Paine, F. *The Package User´s Handbook.* Blackie (1991), p. 46

Novos desenvolvimentos

O sucesso do papel como material para embalagem tem inspirado cientistas a inventar variações sobre o tema. Novos processos para reduzir o consumo de energia e novas matérias-primas, variando de plástico a produtos descartados, foram desenvolvidos.

A fabricação do papel tem seguido o mesmo processo com base em água desde que foi inventado. Este fator faz com que a energia seja um importante elemento de custo na economia da fabricação do papel, pois a água tem que ser extraída de forma progressiva da pasta fluida inicial de cerca de 1% de sólido para um papel seco com somente 4-6% de umidade remanescente. O processo não é particularmente eficiente quanto à energia, e há muitos anos pesquisas vêm sendo feitas para se encontrar um caminho para produzir o papel por um método a seco, sem a necessidade de usar sucção e evaporação. Apesar de a indústria adicionar resina à polpa para promover a adesão da fibra, não foi possível fazer deste método o único mecanismo de aglutinação das fibras. Tentativas de aumentar a área de superfície para aglutinação de fibra incluíram o uso de vapor explosivo sobre pressão para promover a separação das fibras.

Existe um grande número de produtos de papel que incorporam o uso de plástico ou resina. Resinas orgânicas de aglutinação como aquelas usadas para fazer aglomerados são caras e tais produtos não são capazes de superar as propriedades do papel natural. A mistura de fibras de poliolefinas dentro da polpa pode fornecer uma matriz mais rígida de fibras longas, mas esses papéis necessitam de tratamento especial para criar a ligação com as fibras de celuloses, pois as poliolefinas não podem ser ligadas pela água.

Muitos papéis sintéticos foram comercializados para usos quando a resistência à umidade ou a facilidade de impressão são necessárias e um filme extrudado ou um papel com base em madeira não seriam adequados. Tyvek (marca registrada da DuPont) é um material muito forte feito de filamentos longos, fundidos a quente, de polietileno de alta densidade (PEAD), usado para invólucro na área médica e envelopes de segurança. Outras tentativas como a feita pela empresa Oji Yuka envolveram carregamento de filmes de poliolefinas e poliestireno com pigmentos inorgânicos, tais como giz, talco e dióxido de titânio para conseguir alta qualidade de impressão. O Oppalyte, da Mobil Plastics (feito de polipropileno biorientado), combina muitas das propriedades físicas do papel com os benefícios da resistência à água, soldabilidade a quente e extrema baixa densidade. O papel metalizado está se tornando cada vez mais usado para embalagem de cigarro e para etiquetas em que problemas de ondulação têm ocorrido com papel laminado com alumínio.

Reciclagem é um assunto importante para a indústria do papel, que tem sempre utilizado material reciclado. As fontes mais importantes são os jornais, revistas e caixas de papelão usados, pois são fáceis de coletar em grandes volumes homogêneos. Outros papéis usados em embalagem são mais difíceis de selecionar e coletar e muitos estão contaminados, o que pode aumentar o custo de reciclagem acima do nível de viabilidade econômica.

Papel para embalagem pode incluir material reciclado na maioria das aplicações. O uso de fibras recicladas está crescendo por causa do aumento na reciclagem de papel no mundo todo. É importante observar, todavia, que fibras recicladas são mais curtas do que fibras de papel virgem e que papel feito de fibras recicladas é mais fraco e fácil de rasgar. Em alguns casos, quanto mais fibras recicladas forem usadas, mais grosso o papel (ou papelão) precisa ser para compensar a perda de resistência.

capítulo **2** – materiais provenientes da madeira e do papel

27

O papel já tem uma boa imagem ambiental, mas esforços estão ainda sendo feitos para se usar outras matérias-primas naturais para a sua fabricação. Os benefícios seriam ainda maiores se esses materiais fossem materiais de descarte. Duas formas naturais de celulose são disponíveis em grandes quantidades: o bagaço da cana-de-açúcar e palha da colheita de cereais. Ambos podem ser usados para produzir aglomerados muito resistentes e materiais para papel, mas, mesmo com disponibilidade praticamente sem custo (e a crescente pressão contra a queima da palha), a questão financeira não é ainda satisfatória. O aguapé, erva daninha que bloqueia rios nos trópicos e precisa ser removida, tem também sido alvo de experimentos. Finalmente, o Instituto Japonês para Pesquisa em Polímeros e Material Têxtil reportou experimentos nos quais a bactéria do ácido acético produz uma massa de fibras celulósicas extremamente finas, das quais pode ser feito o papel.

É uma contribuição às melhorias de restrição de custo na indústria de papel, bem como à sua inerente economia de escala que, mesmo com essas alternativas e os seus benefícios potenciais, não encontrou nenhuma substituição ampla para o papel.

Papelão

O papelão dominou o mercado de material de embalagem de alimentos secos no século XX. Realmente, é difícil imaginar uma loja tipo autosserviço sem caixas de papelão, apresentando seu quadro de produtos altamente decorados na prateleira.

O papelão é usado em caixas para cereais e alimentos tipo *snack*, caixas para cerveja, caixas para confeitos prontas para montar e contêineres de leite com tampa tipo cumieira.

A categoria do papelão inclui materiais cujos termos variam de chapa para caixas, papel--cartão, *chipboard*, chapa para contêiner e *fibreboard*. O papelão é feito da mesma maneira como é feito o papel; ele pode ser tanto uma única folha grossa ou pode ser feito com camadas múltiplas colocadas umas sobre as outras no final da formação da manta no processo de fabricação do papel. Algumas das camadas podem ser de material recuperado, de papéis já utilizados (fibras secundárias) ou de outras fibras baratas como a palha. A camada de cima onde irá a impressão é feita de polpa descorada para dar resistência necessária à superfície e capacidade de impressão.

A caixa de papelão sólida descorada é a de melhor qualidade, feita da mais pura polpa virgem descorada. As maiores aplicações são para alimentos de alta qualidade, cosméticos, e embalagens de componentes eletrônicos e médico-hospitalares. Não tem cheiro e dobra facilmente.

O duplex, ou caixa de papelão com forro branco, tem uma fina camada de puro papel branco descorado sobre uma camada mais grossa de mistura descorante de polpa mecânica e química. Este é um material largamente utilizado, tendo ótima mistura de propriedades físicas, químicas e estéticas. É adequado para quase todas as aplicações de embalagem, especialmente de alimentos. O grau triplex normalmente incorpora uma camada de polpa interior de baixa qualidade, em geral reciclada, entre duas ou mais camadas uniformemente coloridas.

Os tipos de papelão *chipboard* e *newsboard* são feitos de 100% de fibras recicladas e são os tipos mais baratos de papelão. As cores variam de cinza claro a marrom. O *chipboard* e o *newsboard* não são adequados para a impressão de alta qualidade devido às fibras curtas. Eles são resistentes e o seu uso inclui repartições e reforços para embalagem, como caixas para montar, em que a aparência e a dobrabilidade não são críticas. Para melhorar a dobra, fibras mais longas e de melhor qualidade podem ser adicionadas.O *chipboard* pode também ser coberto com uma camada de fibras brancas de papel para fornecer melhor capacidade de impressão e vinco, sendo tais produtos largamente usados para papelão dobrável. *Chipboards* de baixo peso são usados para a produção de tubos e tambores feitos de fibras espirais cilíndricas e para acanelado médio para chapa ondulada.

A chapa de fibra sólida *fibreboard* é o tipo mais grosso de papelão, feito de *chipboard*, normalmente forrado em um ou em ambos os lados com papel kraft ou um papel similar. A espessura total da placa forrada varia entre 0,8 e 2,8 mm. É utilizado para contêiner de transporte, às vezes em combinação com metal ou com cantoneiras emolduradas com madeira, quando o objetivo maior é o aumento da resistência ao furo. Pode ser também revestido externamente com um material resistente à água como o polietileno para o uso em ambiente úmido, tal como bandeja para vegetais e peixe.

A polpa moldada não é exatamente uma forma de papelão, mas é feita de uma forma similar, usando principalmente fibras recicladas colocadas em fôrmas moldadas. O material é moldado em fôrmas para ovos, bandejas para bebidas, pratos de papel e fôrmas para acondicionar ou circundar. Nos últimos anos, ele tem sido cada vez mais utilizado como uma alternativa biodegradável à espuma expandida de poliestireno.

Papelão ondulado

Suporte de carga

Perto de 40% de todo o papel para embalagem é usado em forma de caixas de papelão ondulado. Sua estrutura é uma adaptação do perfil I usado na engenharia em que duas placas lisas e fortes são separadas por uma malha ondulada rígida. Quando é utilizado para suportar uma pilha de caixas, uma das faces está sempre sujeita à tração, utilizando as propriedades físicas do papel de um modo extremamente eficaz.

Em uma caixa bem desenhada, as placas para suporte de carga mais importantes têm suas ondulações paralelas à direção em que se espera ter carga. Já que a força de empilhamento é geralmente mais importante, a maioria das ondulações corre na vertical. Quando a força lado-a-lado é mais importante (por exemplo, em correias transportadoras), as ondulações podem correr horizontalmente.

O papelão ondulado é o material mais utilizado para contêiner de transporte, e o contêiner regular cortado e vincado mostrado na Figura 2-1 é o desenho mais comum. As caixas de papelão ondulado são bem conhecidas pela sua força de empilhamento (quando secas), facilmente disponíveis e de baixo custo. O papelão ondulado tem sido usado também para fazer paletes de baixo peso e separadores (uma alternativa ao palete).

O papelão ondulado é fácil para reciclar, tanto do ponto de vista técnico como do logístico. As caixas usadas são geralmente descartadas em volumes grandes e homogêneos pelas empresas que recebem um incentivo para reduzir o custo do lixo através da reciclagem. Como resultado, o papelão ondulado tem uma alta taxa de reciclagem.

capítulo 2 - materiais provenientes da madeira e do papel

Figura **2-1**
Contêiner regular cortado e vincado

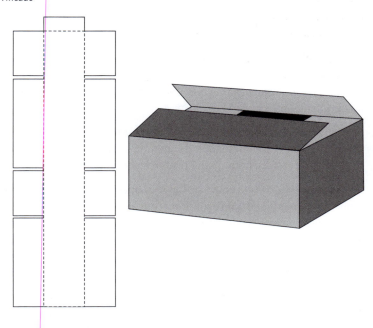

O material é usado há quase 100 anos e uma série de normas foi adotada em muitos países. São três as categorias: por espessura e espaço dos miolos individuais do miolo ondulado médio, pelo peso das camadas externas, e pela qualidade do papel usado. As configurações de caneluras mais usadas são conhecidas simplesmente como A, B, C e E. As dimensões fornecidas em várias fontes variam pouco, mas a Norma Britânica 1133, seção 7 (British Standard) dá as especificações, como mostradas na Tabela 2-3.

Tabela **2-3**
Formas comuns de papelão ondulado

Tipo de miolo	Canelura/metro	Altura da canelura (mm)
A	105-125	4,8
B	150-185	2,4
C	120-145	3,6
E	290-320	1,2

Fonte: BS 1133 Seção 7

Os primeiros materiais ondulados foram ou o miolo-A grosseiro ou o miolo-B fino. O grau intermediário, miolo-C, agora se tornou o tipo mais comumente usado, sendo um ajuste das melhores qualidades dos outros dois.

materiais para **embalagens**

O miolo-E tem caneluras muito pequenas e existem até graus mais finos chamados de microcaneluras, que são usados como alternativa à chapa de fibra sólida para caixas para exposição e caixas para montar. Existem outros graus de caneluras menores e maiores que essas constantes na norma, mas elas não são utilizadas de maneira significante.

O papel protetor (*liner*) das placas varia de 125 a 400 g/m² com 150, 200 e 300 graus predominantemente. O ondulado médio é geralmente 113 ou 127 g/m². Gramaturas maiores são geralmente usadas para conteúdos mais pesados com o objetivo de adequar a resistência ao empilhamento.

As caixas de papelão ondulado estão sendo cada vez mais utilizadas como mídia de propaganda, daí então a demanda de melhor qualidade de impressão. Existem três possíveis opções: impressão direta, papel protetor pré-impresso e litolaminação.

Na impressão direta sobre placas acabadas, a superfície não lisa, em razão das caneluras, limita a qualidade, portanto a norma tem sido a impressão por flexografia de duas cores. A impressão com jato de tinta tem avançado em popularidade por causa da sua capacidade de adaptação às baixas tiragens e, como é um processo em que não ocorre contato, a qualidade não é afetada por variações na rigidez, o que causa problemas com as técnicas de impressão convencionais. A qualidade de ambos os processos tem sido melhorada nos últimos anos.

O papel protetor pré-impresso, com materiais flexoimpressos de alta qualidade, pode ser construído dentro da placa ondulada quando na manufatura. Desenvolvimentos em superfícies em papel, prensas de impressão e o uso de placas flexográficas poliméricas têm possibilitado grandes avanços nesta área.

Em laminação lito, o papel impresso é laminado já na placa convertida. Alta qualidade de impressão é possível, incluindo desenhos com cores variadas e semitons.

A impressão flexodireta e papel de proteção pré-impresso são os mais adequados para altas tiragens, já que a caixa de desenho é fixada no estágio de manufatura. A impressão jato de tinta é geralmente usada para adicionar textos variáveis (como código de lotes, cores e sabores) em caixas mais genéricas e pode ser feita na linha de envase.

Papelão ondulado também oferece versatilidade no número de componentes que podem ser combinados. As construções mais comumente usadas são face única, parede única, parede dupla e parede tripla, como mostradas na Figura 2-2 e descritas a seguir.

O papelão ondulado de face única é um material macio que pode ser enrolado em uma direção e é normalmente usado para fornecer um acolchoamento de proteção para um item sensível. Enrolado, ele pode também formar uma embalagem cilíndrica rígida.

Parede única (uma parede é uma camada de material miolo sendo faceada por duas folhas lisas) é a forma mais comum, usada para caixas e bandejas.

Parede dupla é outra construção muito popular, capaz de incorporar qualquer combinação de duplo A a duplo E, mas AC e AB estão entre as mais populares. Certas construções são desenhadas para fornecer uma maior rigidez usando um componente de miolo A ligado a um grau mais fino B ou até E para fornecer a melhor superfície para impressão na face oposta.

Figura **2-2**
Estruturas de papelão ondulado

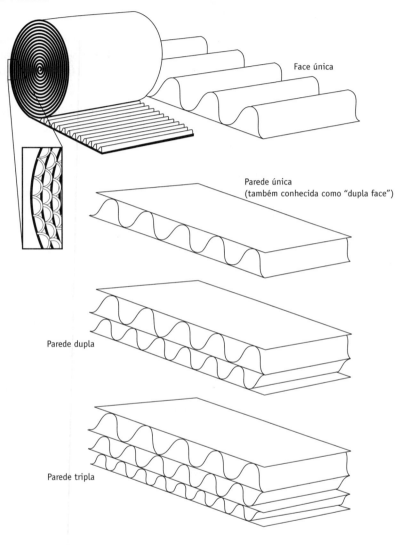

Face única

Parede única
(também conhecida como "dupla face")

Parede dupla

Parede tripla

Parede tripla também pode ser feita de qualquer combinação de miolos. Essa categoria inclui uma das chapas mais pesadas disponíveis, conhecidas como Triwall. Com grande revestimento, o material tem um desempenho tão alto que as caixas desse material são usadas no lugar de engradados de madeira.

É claro que nem todas as chapas de multiparede têm desempenho tão alto. Em países onde a madeira e o papel são escassos, existe a tendência de usar paredes múltiplas numa tentativa de melhorar o desempenho de chapas recicladas pesadas que têm fibras curtas e são, portanto, mais fracas. Em alguns países, particularmente nos desenvolvidos, existe uma convenção de simplesmente contar o número de componentes; três, cinco, sete, nove ou até onze camadas de placas onduladas podem estar disponíveis, mas os materiais individuais podem ser de peso leve e oferecem um fraco desempenho.

A chapa ondulada tem uma grande desvantagem: ela pode perder muito de sua rigidez (toda a sua força de compressão) quando está úmida. Um modo de superar isso é especificar que a face externa tenha uma certa resistência à umidade (tratada com resina) ou seja um sanduíche de kraft/PE/kraft.

Os adesivos à base de amido sensíveis à umidade são normalmente usados na manufatura de chapas onduladas, sendo suas excelentes propriedades necessárias em produção de alta velocidade. Os adesivos também podem ser tratados para melhorar a resistência à água. Banho de cera ou calandragem com cera, no estágio de folha lisa, é também usado para dar resistência à água, mas essa é uma prática que vem sendo utilizada cada vez menos devido aos problemas de reciclagem, e um revestimento à cera torna muito difícil o uso subsequente de adesivos.

Apesar de serem utilizados revestimentos muito pesados, existem limites para o peso do papel que pode ser colocado através dos rolos quentes ondulados para produzir o material miolo, sendo normalmente usada a variação 100-130 g/m². Para superar essa restrição, alguns produtores têm conseguido combinar duas camadas de miolo médio usando um adesivo muito forte que enrijece o material, produzindo uma estrutura muito rígida.

Existem outras variações sobre o tema. Um material com miolo cruzado de parede tripla (por exemplo, Euroboard's X-ply) foi desenhado para fornecer rigidez em ambas direções e tem sido usado para grandes caixas e paletes. Estruturas casa de abelha incorporam uma série de células hexagonais, em vez do médio ondulado, em uma placa grossa (10 mm a 200 mm) que é usada para paletes e cantoneiras, em que é necessária uma grossa folga entre a parte externa da embalagem e o produto.

Em adição à resistência física, as chapas onduladas têm propriedades de absorção de choques e podem até fornecer alguma proteção térmica por causa do ar que está preso dentro das chapas. Esta propriedade térmica de barreira é explorada principalmente no Japão, onde a embalagem para manter temperatura, seja fria ou quente, é extremamente popular. A chapa ondulada feita com materiais para papel de proteção – laminados com filmes de poliéster metalizados – fornece uma superfície refletiva que segura adicionalmente o calor ou o frio.

Contêineres de transporte feitos de chapas onduladas tornaram-se um elemento-padrão da maioria dos sistemas de logística. Nos Estados Unidos, empresas de transporte requereram o uso deste material até 1980, quando o transporte foi desregulamentado. Eles são fáceis de comprar e reciclar, entretanto existe uma crescente competição com as alternativas em plástico, como os filmes de embrulhar termoencolhíveis e sacolas reutilizáveis, que têm custo menor em algumas situações. Há também uma tendência para o uso de ponto de compra e gôndolas para paletes que podem usar papelão ondulado de maneira mais inovadora com menos (ou nenhum) contêineres de transporte tradicionais.

Madeira

Somente no Japão a madeira é usada ainda hoje para embalagem para o varejo, e até as caixas de madeira de cedro tradicionais para charutos estão sendo substituídas por plásticos.

capítulo **2** – materiais provenientes da madeira e do papel

33

A maioria das aplicações de embalagem de madeira no mundo ocidental é para o transporte de objetos pesados e embalagens industriais em que a alta firmeza, o baixo peso e a versatilidade de construção da madeira podem ser mais bem empregados. Barris de madeira ainda são usados para o envelhecimento do vinho, mas são raramente utilizados para embalagem de transporte.

Os paletes são a principal aplicação para a madeira na embalagem. Apesar do aumento no uso de alternativas feitas de plásticos ou aglomerados, o palete de madeira nunca foi superado em versatilidade, reutilização e em facilidade para conserto. Os paletes de madeira são componentes importantes da distribuição moderna, na qual predomina o manuseio mecânico.

A escolha das espécies de madeira tem um grande impacto no custo e na durabilidade. Quanto mais densa e firme a madeira, maiores sua durabilidade e seu custo; madeiras duras (como o carvalho) são as mais duráveis e as mais caras.

Apesar das vantagens que certamente a madeira oferece, ela tem algumas limitações sérias, e, no intuito de resolver essas limitações, muitas pesquisas têm sido realizadas nas últimas décadas. Essas limitações são o teor de umidade e a baixa resistência ao longo das fibras (fraqueza direcional).

As madeiras usadas para embalagem devem ser bem secas, seja por ar ou em estufa. A secagem é uma preparação essencial para algumas madeiras para embalagem, pois reduz o encolhimento, protege contra micro-organismos, reduz o peso e aumenta a rigidez. A umidade é de particular importância se, por exemplo, um palete de madeira é fechado dentro de um invólucro com barreira à umidade para produtos como maquinários. O palete pode sustentar o seu próprio peso em água, suficiente para encharcar a capacidade da maioria dos dessecantes de embalagem (descritos no Capítulo 14) que podem ser inclusos com o propósito de absorver umidade. Madeiras impregnadas com resinas podem reduzir a tendência à absorção de umidade, mas a taxa de penetração de resina em grandes pedaços de madeira sólida é muito lenta e, então, estruturas de compósitos são geralmente utilizadas onde a sensibilidade à umidade é um elemento crítico.

A força direcional (e, ao contrário, a fragilidade) de chapas finas durante anos vêm sendo equilibradas por laminação cruzada em estruturas de madeira tipo compensado. O compensado tem uma alta rigidez e resistência à perfuração, é leve e pode ser fixado por todos os métodos, de adesivos a grampos plásticos e pregos. O compensado é disponível em muitos graus e espessuras e é relativamente barato.

As caixas de madeira compensada reutilizáveis são normalmente feitas utilizando sistemas de junção patenteados de metal ou plástico. A sua capacidade de ser dobrável e deixada reta dá a essas caixas uma grande vantagem sobre as versões tradicionais de madeiras rígidas. Engradados pesados para maquinários etc. frequentemente adicionam painéis de compensado, emoldurados em madeira sólida. Esses engradados possuem a vantagem de terem suas madeiras reutilizadas – um benefício especial quando são enviados a países onde madeira é uma fonte escassa.

Chapa de fibras duras, feita de lascas de madeira e fibras, é outro material derivado da madeira que tem algumas vantagens distintas. Sendo feita utilizando uma maior proporção da árvore e em um processo contínuo, ela ocupa, dentro de uma escala de custo, uma posição entre madeiramentos e compensado, de um lado, e papelão ondulado, do outro. A chapa de fibra é forte mas quebradiça. Como alguns componentes de aglutinação devem ser adicionados para manter as partículas juntas, a chapa pode duplicar a sua resistência à umidade e até ser utilizada para acabamento decorativo. Um enfoque mais recente envolve a mistura de elastômeros, tais como a borracha, para aumentar a tenacidade. Chapa de fibras duras é disponível em várias categorias e em espessura de 2-12 mm, com vários acabamentos de superfície e texturas. Painéis podem ser usados como substituto direto para o compensado, embora eles devam ser mais grossos. A alta rigidez do material é aproveitada em painéis rígidos, incorporando a ele combinações de materiais flexíveis e ondulados.

Uma outra maneira na qual a madeira é usada para embalagem é uma chapa de material reconstituído de lascas e aparas de madeira. Como esse tipo de material é uma mistura, condicionada, misturada com um agente aglutinante e prensada sob calor, é possível produzir itens formatados em um único processo. Alguns paletes autoencaixáveis são feitos dessa maneira.

Outras fibras parecidas com a madeira podem ser combinadas com resinas e usadas para produzir painéis rígidos. Essas fibras variam de resíduos da cana-de-açúcar ao feno e talos de plantas. A capacidade de ligamento natural das fibras de celulose, importante para a fabricação do papel, não é forte o suficiente em tais fibras, portanto, resinas orgânicas são usualmente adicionadas. Um exemplo é o chamado Compak Board, produzido por prensagem a quente de feno cortado – um material de que geralmente se diz não ter valor econômico. Outros materiais fibrosos como palha de arroz, forragens ou lascas de madeira podem também ser adicionados, e as propriedades podem variar de acordo com o comprimento e a mistura das fibras, proporção de resina e a densidade de compactação.

Cortiça

Tampas de cortiças, feitas da casca do carvalho cortiça, têm uma história que vem do Império Romano, quando eram utilizadas como tampas para barris de madeira (e presume-se) também para fechar vidros e garrafas cerâmicas. Depois da Revolução Industrial, o seu uso como tampas de garrafas aumentou, já que representou uma melhoria sobre materiais concorrentes como vidro, barro e fibras cobertas com cera ou breu. Na metade do século XIX, a cortiça era o material predominante utilizado para o fechamento de garrafas.

A cortiça, como material para tampas para garrafas, tem sido substituída por tampas feitas de metal e plásticos, embora seja às vezes usada como um revestimento para as tampas.

Hoje, a utilização mais importante da cortiça é para fechar garrafas de vinho, pois dá um excelente fechamento para garrafas de vidro. A maioria das cortiças é feita de árvores da Espanha e de Portugal. A cortiça ideal para a utilização em garrafas de vinho não pode ser obtida em árvores com menos de 30 anos. Depois de seca ao ar, a cortiça é fervida para que encolha e para destruir insetos e fungos.

Nos últimos anos, tem aumentado o uso de plásticos e materiais compósitos para fabricação de tampa para garrafas de vinho em razão do fornecimento insuficiente de cortiça. Existe também um problema de qualidade com as cortiças, pois muitas são infectadas com uma espécie particular de bactéria que muda o sabor do vinho (que é dito estar "cortiçado"). É grande a controvérsia sobre como detectar e eliminar esse problema, pois não se pode prevê-lo. Apesar disso, tampas de cortiças são ainda as favoritas para vinhos finos, mais por razões tradicionais do que por razões técnicas.

3

vidro

O vidro é um outro material muito antigo, do qual se diz ter sido descoberto pelos fenícios, que acenderam um fogo na praia e mais tarde descobriram que a areia tinha fundido. Entretanto, o vidro é utilizado como embalagem, de uma forma ampla, somente há cerca de 200 anos, para embalagens comerciais, tais como garrafas de vinho.

O valor do material é claro: vidro é forte, durável e transparente. Ele é quimicamente inerte e é uma barreira absoluta para umidade e gás. Os recipientes de vidro podem ser esterilizados e suportam o processamento de alimentos à alta temperatura. É fácil para reciclar. Recipientes de vidro passam uma imagem de qualidade e são usados para um nicho de produtos alimentícios de alto nível, como vinhos, cervejas prêmio, perfumes e condimentos.

O vidro é ainda um importante material de embalagem, apesar de ter perdido muito de seu mercado para o plástico e o alumínio. As desvantagens do vidro são seu peso e sua fragilidade.

Os principais ingredientes do vidro são de baixo custo e eles não mudaram no decorrer dos séculos: o principal constituinte do vidro é a sílica (areia), com pequenas quantidades de soda e cal. Melhorias técnicas do material e no processamento têm sido uma constante. Os vidros modernos contêm vários outros ingredientes secundários para melhorar a sua moldagem, rigidez e aparência. Um típico recipiente de vidro pode ter óxido de cálcio (10-12%), óxido de sódio (12-15%), óxido de magnésio (0,5-3,0%), alumina (1,5-2,0%) e quantidades muito pequenas (traços) de óxido de ferro e trióxido sulfúrico.

Os ingredientes são triturados, misturados com aproximadamente 20% de fragmentos de vidro (chamados cacos para refundição) e queimados em um forno a cerca de 1.300 °C. Altos níveis de cacos de vidro para refundição podem ser usados, e o aumento da reciclagem possibilita isso. Os diferentes graus de coloração são feitos com a adição de pequenas quantidades de óxido de cromo (verde), óxido de cobalto (azul) e ferro e enxofre (marrom).

Um ingrediente invisível, mas importante, é a energia, sendo necessária uma grande quantidade, fato que influencia tremendamente na economia da produção do vidro. Várias técnicas têm

materiais para **embalagens**

sido desenvolvidas para reduzir o uso de energia, incluindo a pré-mistura e o pré-aquecimento da matéria-prima, bem como um melhor monitoramento e controle dos processos.

Um maior uso de cacos de vidro também reduz a energia, pois, consideravelmente, são mais fáceis para amolecer. A indústria do vidro tem concentrado grandes esforços e recursos para incentivar a reciclagem de recipientes de vidro por razões econômicas, ambientais e relações com o público.

A maioria das garrafas de vidro é conformada em um processo de sopro. Uma quantidade de vidro quente é escorrida dentro do molde e empurrada dentro do gargalo chamado acabamento (em recipientes soprados à mão, o "acabamento" era a última parte formada; nas máquinas modernas, é a primeira parte). O ar é soprado dentro do acabamento em um processo de duas etapas, em que primeiro é soprado um parison no formato de um tubo-de-ensaio, que depois é reaquecido e novamente soprado até que as paredes se conformem na cavidade do molde. O processo de sopro e prensagem é usado para a produção de recipientes de boca larga em que o parison é formado por um êmbolo. Depois de formado, é necessário um recozimento em forno para aliviar a tensão interna gerada durante o processo de moldagem.

Frascos, ampolas, pipetas e recipientes muito pequenos são feitos de tubos de vidro, produzidos forçando o vidro amolecido dentro de uma matriz. O tubo extrusado é aparado e vitrificado em uma operação separada.

Melhorias na resistência mecânica e redução de peso

O valor econômico dos contêineres de vidro depende do peso, que está relacionado com a quantidade de matéria-prima necessária e com a economia de distribuição, já que os custos de frete são diretamente dependentes do peso.

Entretanto, a diminuição de peso sem sacrificar a resistência tem sido o objetivo a ser alcançado na fabricação do vidro. As garrafas de leite retornáveis (de 0,568 l) da Grã-Bretanha foram reduzidas progressivamente em peso de 600 g em 1920 para 225 g em 1998.

Sabe-se que o vidro é um material muito forte mesmo nas partes mais finas (pense em filamentos de reforço com fibra de vidro e no bulbo das lâmpadas elétricas comuns); então é possível, teoricamente, fazer contêineres de vidro muito finos.

A fraqueza do vidro é que ele é quebradiço e tende a ter acúmulo de tensões restrito à camada superficial. Se a superfície for de alguma forma danificada, o material pode se quebrar facilmente – os vidraceiros conseguem quebrar uma grossa folha de vidro com suas duas mãos após riscar a superfície com uma ponta diamantada. Da mesma forma, um recipiente de vidro, riscado, com falhas, cheio com líquido pressurizador, pode se tornar uma bomba se cair.

Portanto, muita pesquisa foi direcionada para quatro vertentes principais para minimizar esse fator de dano das superfícies em contêineres mais finos:

- ▸ reduzir tensões internas;
- ▸ minimizar os defeitos de superfície;
- ▸ revestir a superfície; e
- ▸ usar rótulos de proteção.

capítulo **3** - vidro

A tensão interna pode ser reduzida por mudanças de desenho que resultam em melhor distribuição do vidro e melhor controle do recozimento. Como o vidro é um líquido supergelado, pode ser resfriado a taxas diferentes, de acordo com as correntes de ar, variando a espessura das paredes, e os efeitos condutivos das superfícies quentes de suporte e da proximidade de outros contêineres quentes.

Por exemplo, altas concentrações de tensões em regiões de transições agudas tendem a reduzir a rigidez dos contêineres; um contêiner com um perfil vertical suave é mais forte do que um com transições agudas.

Da mesma forma, um contêiner cilíndrico é normalmente mais resistente do que um retangular. Modelagem por computador mostra que um desenho balanceado de ombro, pescoço e fundos do contêiner pode contribuir para sua resistência. O melhor entendimento desses efeitos complexos tornou possível a redução do peso dos contêineres de maneira eficiente.

Os defeitos da superfície externa podem ser reduzidos por uma manufatura e manuseio cuidadosos dos moldes e por um cuidadoso manuseio do parison de vidro e contêiner durante a manufatura e distribuição. Este é um fator importante a ser considerado no desenho de contêineres retornáveis. Uma análise dos pontos de contato com contêineres de transporte, trilhos de direcionamento, suportes basais, fechamento e equipamento para etiquetagem torna possível a construção de zonas absorvedoras de desgaste ou seções reforçadas. Um exemplo que permite reduzir o desgaste é fazer ondas nas superfícies de contato (normalmente ao redor dos lados e na base); as marcas maiores serão eliminadas de uma maneira controlada com um mínimo efeito na resistência como um todo.

Existem dois tipos disponíveis de revestimento de superfície, dependendo se ele é aplicado na fase quente ou fria do processo de fabricação de recipientes. Tratamento na fase quente fortalece a camada mais externa. Os tratamentos de superfície na fase fria lubrificam a superfície externa. Ambos os tratamentos reduzem os possíveis danos do contato vidro-vidro que são inevitáveis durante o envase e o uso normais.

Um revestimento pela combinação de óxido de estanho ou titânio seguido de PE é o mais utilizado para resistir a riscos. Revestimentos alternativos na fase fria são feitos de poliuretano, epóxi, acrílico, estearatos, ácido oleico, silicones e ceras[1]. Podem ocorrer problemas de descolamento que resultam no revestimento entrando em contato com o alimento.

Alguns dos tratamentos de fase fria são removidos por lavagem com água alcalina, usados nos sistemas retornáveis (por exemplo, como usado para cerveja e leite na Grã-Bretanha). Em alguns sistemas retornáveis, experimentou-se tornar a revestir os contêineres depois da lavagem.

Outras modificações criativas de tipos de revestimento de superfície incluem: fundir uma camada de um tipo de vidro diferente sobre o exterior do recipiente modificando a química da superfície do vidro e outros revestimentos experimentais[2]. Alguns tratamentos de superfície e revestimentos podem também ser usados para mudar a cor ou a textura da superfície, técnica extensivamente utilizada no Japão. Um exemplo é um revestimento duplo de plástico (marca registrada Mul-t-Cote da Star Chemical no Japão): borracha sintética de estireno-butadieno (SBR) seguida por uma camada final de poliuretano de alto módulo, podendo esta ser colorida.

Existe um grande número de soluções usando rótulos de proteção para o problema de avaria. O mais comum é uma camisa termoencolhível de poliestireno expandido (PS) com cerca de 1 mm de espessura cobrindo as áreas de tensão do ombro até a base da margem (marca registrada Plastishield) que pode ser impressa. Além da proteção da superfície e do baixo peso dos recipientes de vidro, outros benefícios incluem a redução do barulho durante o envase e um melhor e mais seguro contato para o consumidor ao agarrar o recipiente, com alguns graus de proteção térmica.

Os rótulos termoencolhíveis com impressão no reverso feitos de policloreto de vinila (PVC) são usados no Japão há cerca de 20 anos e mais recentemente têm expandido o seu uso na Europa e na Grã-Bretanha. O rótulo é normalmente impresso, mas pode também incluir uma cor como um todo para converter um recipiente de vidro claro em um recipiente aparentemente colorido. Recentemente, a metalização seletiva e a laminação com papel alumínio têm incrementado as opções.

Além da proteção do contêiner contra danos na superfície por contato vidro-vidro, uma função importante do revestimento duplo ou do rótulo de proteção é a de prevenir o espalhamento de cacos de vidro se um recipiente pressurizado é derrubado.

Novos desenvolvimentos

As pesquisas em revestimento e técnicas de reforço continuam, mas agora há maior ênfase em marketing. A indústria do frasco de vidro sobreviveu à competição com frascos de plásticos e metal, mas de maneira tênue. As latas de alumínio e de folha-de-flandres predominam no mercado de cerveja e o plástico substituiu as garrafas para bebidas não alcoólicas, água e muitos outros produtos alimentícios.

A indústria do vidro está se concentrando em nichos de mercado onde fornece uma vantagem competitiva, como produtos alimentícios de alta qualidade e embalagens de vidro que podem ser reutilizadas. As garrafas de vidro ainda são a melhor escolha para garrafas que são reutilizadas e podem ser facilmente recicladas.

A indústria tem colocado muito esforço e recurso para a reciclagem e reutilização das garrafas de vidro. Esse fator ambiental poderia ser mais significativo para o futuro da embalagem de vidro se países tivessem leis quanto à reutilização e reciclagem de garrafas.

Outros desenvolvimentos estão relacionados à melhoria dos plásticos com um material quimicamente similar ao vidro. O óxido de silicone pode ser depositado em forma de vapor em uma camada ultrafina sobre a superfície de materiais plásticos, resultando em um material flexível com propriedades quase semelhantes às do vidro. Mais detalhes estão descritos no Capítulo 13.

Similar em alguns aspectos mas diferente em tecnologia é a pesquisa em novos modos de produzir camadas contínuas de vidro usando um processo de precipitação a frio. Uma solução de tetraetoxisilano e água é aquecida para produzir uma camada vitrificada *in situ*. As aplicações iniciais tiveram seu uso em camadas muito finas para microchips, mas podem, no futuro, encontrar aplicações na embalagem.

4

metais

Os metais mais importantes usados para embalagens são o aço, o estanho e o alumínio. As principais aplicações são em latas de produtos alimentícios feitos de folha-de-flandres e contêineres para bebidas feitos de alumínio.

Outras aplicações de metais para embalagem incluem barris de aço e baldes, tampas, cintas e bandejas, e como uma fina folha de alumínio para barreira em materiais laminados. Nestas aplicações, o uso de metais está sofrendo pressão dos materiais plásticos que têm suas vantagens próprias, pois são mais fáceis para produzir desenhos complexos, como tampas de plásticos, aceitam fácil coloração e são seláveis a quente.

Entretanto, os metais têm suas vantagens próprias quanto ao desempenho. De todos os materiais para embalagem, os metais têm o maior desempenho absoluto quanto a tolerância ao calor, resistência física e durabilidade, barreira e ausência de gosto e cheiro, rigidez e formação de vinco. As latas têm a vantagem adicional sobre as garrafas de vidro de serem mais fáceis de manusear sem o perigo de quebras, não descoram e são produzidas e enchidas em alta velocidade.

Para diferentes aplicações em embalagem, a importância de cada uma dessas propriedades varia, e então a taxa de substituição difere de maneira similar. Para produtos como cerveja e comidas enlatadas, o metal ainda é o material escolhido na maioria dos países.

Latas

O aço estanhado foi originalmente usado para caixas de chá e tabaco. Latas de folha-de--flandres assépticas para alimentos foram desenvolvidas no início de 1800, logo após a invenção do enlatamento, por Appert, método de preservação do alimento ao cozinhá-lo diretamente no recipiente (que originalmente utilizou recipientes de vidro).

As latas também podem ser feitas de chapas de aço sem estanho (revestidas com cromo ditas placa preta e placa cromada) e alumínio. Em alguns países, a maioria das latas de cerveja e bebidas não alcoólicas é feita de alumínio.

Aços estanhados e tipos não estanhados

O aço é feito de ferro e uma pequena quantidade de carbono, motivo pelo qual as latas de folha-de-flandres e de alumínio podem ser separadas para reciclagem com um magneto.

As folhas das latas de aço estanhado são feitas por calandragem a quente e temperadas a uma espessura padrão. A têmpera determina a dureza e pode ser feita em diferentes graus. Graus mais duros são utilizados para as tampas; graus mais flexíveis são usados para dar formas como latas estiradas (descritos em breve).

O aço sem revestimento enferruja facilmente e as placas pretas não revestidas podem ser usadas somente para produtos não corrosivos, como ceras e óleos. Mais comumente, a camada de estanho é aplicada eletroliticamente como um revestimento muito fino. Depois de aparadas, a maioria das folhas é revestida com um verniz orgânico para proteger o aço contra corrosão. A folha-de-flandres e o verniz também protegem o ferro de ser dissolvido em produtos alimentícios, o que deixaria um sabor ruim.

Alimentos que são mais ácidos requerem um revestimento maior de estanho ou verniz (ou ambos). O nível de acidez de um líquido pode ser medido pelo seu valor de pH; quanto mais baixo o valor do pH, mais alta a acidez. Vernizes diferentes foram desenvolvidos para embalagem de vários alimentos que variam em acidez. A espessura do revestimento da folha-de-flandres pode não ser a mesma em ambos os lados. A superfície que fica na parte de fora é normalmente mais fina, pois é exposta somente à umidade do ambiente e não ao seu conteúdo.

Latas leves têm ocupado um crescente espaço na indústria de latas. Desde 1945 o peso do aço em uma lata processada de alimento foi reduzido em cerca de 35%, e o de estanho, em 80%. Nas latas modernas, a camada de estanho conta apenas 0,4-0,5% do peso.

Nos últimos anos, o desenvolvimento em folha-de-flandres incluiu o uso de vernizes à base de água por razões ambientais e por um maior uso de aço envernizado sem estanho.

Aço sem estanho ou aço eletrolítico revestido com cromo foi desenvolvido no Japão durante os anos 1960, quando os preços do estanho pareciam subir rapidamente. O revestimento de cromo mais o óxido de cromo é muito mais fino se comparado com a folha-de-flandres. Ele produz um acabamento metálico brilhante, mas não dá o mesmo grau de proteção contra corrosão como o estanho, portanto é essencial que seja envernizado. É necessário remover o cromo para soldar o material que é normalmente usado para tampas onde a soldabilidade não é uma preocupação. Da mesma forma, um novo processo de fabricação de lata (marcas registradas Toyo Seikan's TULC e British Steel's RBS) faz a laminação de um filme de poliéster (PET) em ambos os lados de um aço substrato sem estanho[3].

Manufatura de latas com duas e três partes

Mais significativo do que o desenvolvimento de materiais tem sido aquele associado com a manufatura da lata. O mais significativo desses desenvolvimentos e um que teve a maior aplicação no setor de bebidas carbonatadas e de cerveja é a lata de duas partes.

Durante boa parte de sua história, as latas de folha-de-flandres foram feitas em três partes: duas bases e um corpo. Hoje, a costura lateral é usualmente feita com solda por indução, substituindo a original solda à base de chumbo. Por comparação, soldar economiza material (menos sobreposição é necessária) e produz uma costura mais forte que é importante para contêineres pressurizados, como os aerossóis. Novas técnicas de soldagem incluem o uso de indução elétrica e *lasers* que permite um aumento na velocidade de produção. Para alguns produtos, a costura pode ser amolecida em vez de soldada.

Para completar a lata de três partes, as duas tampas são costuradas ao corpo cilíndrico soldado, uma pelo fabricante da lata e a segunda depois de seu envase. A costura dupla inclui um composto de vedação mostrado na Figura 4-1 que é crítico para formar a forte vedação da lata à saída de ar.

Figura **4-1**
Costura dupla

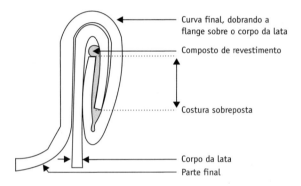

- Curva final, dobrando a flange sobre o corpo da lata
- Composto de revestimento
- Costura sobreposta
- Corpo da lata
- Parte final

Por outro lado, a lata de duas partes pode ser feita pela estampagem do metal no formato de uma xícara, a partir de uma placa metálica em forma de disco, usando altas pressões e matrizes progressivas. Após o envase, aplica-se a costura dupla no topo da ponta da lata.

São utilizados três métodos para fazer latas de duas partes, dependendo da profundidade da lata: estira, estira e reestira, e estira e prende a parede. Latas mais rasas, normalmente usadas para atum, podem ser formadas diretamente pela estampagem de um molde em uma placa de metal.

Latas para bebidas carbonatadas são feitas pela técnica estira e prende a parede (conhecida como D&I nos Estados Unidos e DWI na Europa), que envolve a estampagem de uma chapa em uma lata profunda com sua base com o diâmetro final pretendido, estirando a parede até a altura desejada.

As paredes das latas DWI (especialmente as de alumínio) são muito finas e, se não fosse pela pressão interior do conteúdo carbonatado (refrigerantes têm cerca de 3,5 atmosferas ou 50 lb/in^2), as latas empenariam. Da mesma forma, as latas DWI não podem ser usadas para alimentos enlatados e cozidos, pois não podem aguentar o vácuo. Alimentos processados não pressurizados têm sido embalados em latas de alumínio DWI sob pressão de nitrogênio[4], aumentando o tempo de prateleira do produto e ajudando a suportar as paredes da lata. Latas de alumínio são discutidas em mais detalhes em breve.

Com enfoque mais versátil, o estira-reestira (DRD, do inglês *draw-redraw*) usa mais metal, pois uma lata de tamanho maior é primeiro estampada, e então prensada em estágios em moldes de estampo mais profundos e mais estreitos. Como resultado, as paredes são mais grossas e mais uniformes do que as latas DWI. As latas DRD são feitas de aço eletroliticamente revestido com cromo eletrolítico, revestido com esmalte, e podem ser usadas para alimentos.

A tecnologia de latas de duas partes resulta em uma economia considerável em material, porque as paredes são mais finas. Esta economia é importante, pois (como mostrado na Tabela 1-3) o metal responde por cerca de 75% do custo da lata. Entretanto, placas redondas de duas partes deixam uma sobra significativa, enquanto as placas de três partes são quadradas e não deixam sobras (mas as pontas deixam sobras, então uma solução é usar pontas menores).

Nos Estados Unidos e Europa, os setores mais comuns de produtos, excluindo o de bebidas, no qual latas de duas partes são usadas, são alimentos para animais de estimação e alimento para bebês. Um grande investimento é necessário para alta capacidade de produção de contêineres de duas partes e eles são disponíveis mais comumente em tamanhos-padrões.

Um outro exemplo de economia de material está na redução do diâmetro da tampa da lata. A técnica de afunilamento foi desenvolvida inicialmente para latas de três partes para eliminar as partes protuberantes do topo e da base que levavam ao escorregamento durante o transporte e resultavam em arranhões, amassados e, algumas vezes, em vazamento.

Com o advento da lata de duas partes, tornou-se conhecido que o afunilamento poderia levar a outras razões econômicas. Reduzir a ponta mais grossa da lata resultava em menor consumo de material, menos tempo de costura e menos turbulência nas linhas de envase de líquidos. A economia na alta velocidade de produção de latas é tal que pequenas economias por embalagem por lote valem muito.

A maioria das latas aerossol é feita de folha-de-flandres, em uma técnica similar ao processo de latas de três partes. A base e o topo com abertura de uma polegada são aplicados ao corpo, com costuras duplas, e enviados ao envasador. Alguns aerossóis são feitos de alumínio em um processo DWI de duas partes.

A lata de aerossol é parcialmente enchida com o produto, a válvula é inserida na abertura no topo e selada hermeticamente à lata por um processo de dobradura. Então, a lata de aerossol é pressurizada com um propelente que pode ser facilmente compactado e liquefeito nas pressões de operação em um sistema aerossol; a maioria usa hidrocarbonetos. Os clorofluorcarbonos (CFCs), os primeiros propelentes, foram descontinuados por causa de sua implicação na diminuição da camada de ozônio da atmosfera. Enquanto isso, alguns hidrofluorcarbonos (HFCs) tiveram seu uso aumentado, devido aos menores impactos ambientais.

Latas de alumínio

O processo de fabricação de latas de duas partes e com a ponta afunilada é inovação particularmente importante para a economia da lata de alumínio. Alumínio é um dos materiais de embalagem mais caros e muito esforço vem sendo dispensado nele quanto a estratégias de redução de material usado por peça.

O alto valor do alumínio é também uma razão de sua alta taxa de reciclagem. Fragmentos de alumínio têm um alto valor e a manufatura do alumínio é mais barata quando material reciclado é utilizado. A concentração das indústrias de grandes produtores de latas de alumínio facilitou programas de reciclagem.

capítulo 4 – metais

Mais de 98% das latas de alumínio são DWI e são utilizadas para cerveja e bebidas não alcoólicas. Latas de alumínio são completamente substituíveis por latas de folha-de-flandres no setor de bebidas e a proporção de cerveja e de bebidas não alcoólicas embaladas varia nas diferentes partes do mundo. A escolha depende da economia relacionada, do custo da energia e da tecnologia disponível. Por exemplo, Estados Unidos, Itália, Áustria, Suécia e Grécia usam quase que 100% latas de alumínio, enquanto Alemanha, Bélgica, Holanda, Espanha e França usam mais folha-de-flandres.

Até agora, a penetração de latas de alumínio no setor de alimento processado foi baixa. As finas paredes da lata não resistem ao vácuo que é criado pelo cozimento.

O alumínio é mais dúctil que a folha-de-flandres, podendo ser enrolado ou dobrado em seções menos espessas. Esta ductilidade permite um maior grau de afunilamento do que com o aço. Um processo japonês produz uma lata com oito estágios de afunilamento que mais se parece com uma garrafa, com uma redução de diâmetro de 20%, mas muito afunilamento pode aumentar custos de produção. Na maioria das aplicações, três ou quatro estágios de afunilamento parecem ser o ideal.

Latas fáceis de abrir são mais fáceis de serem feitas de alumínio do que de folha-de--flandres. A folha-de-flandres é mais dura e menos maleável que o alumínio e rapidamente faz com que abridores de lata percam seu fio. Com a folha-de-flandres existe mais a chance de: ou cortar muito profundamente, estragando o fechamento hermético da lata, ou não cortar profundamente o suficiente, tornando difícil, para o consumidor, abrir a lata.

Latas de alimento com abertura total do tipo abre-fácil são perigosas por causa das extremidades afiadas. Consumidores ficam surpresos ao ver que latas abre-fácil também são afiadas. Um outro problema é que o entalhe tem que ficar a uma distância mínima da costura, projetando-se da parede da lata. Existem alguns desenhos de lata que diminuem este problema, formando uma proteção dobrada das extremidades cortantes.

O sucesso da lata de alumínio de duas partes para bebidas se deve em parte ao mecanismo de abertura puxando o lacre. Geralmente, as latas de alumínio abre-fácil têm um alto conteúdo de magnésio. Para reduzir o lixo e aumentar a segurança, na maioria dos desenhos o lacre permanece seguro à lata.

Novos desenvolvimentos para latas

Devido à ductilidade do alumínio e das melhorias nessa propriedade variando-se as diferentes ligas metálicas, bem como uma melhor engenharia mecânica no processo de conformação, é possível um programa contínuo de redução de peso. O conteúdo de metal da lata de alumínio para bebida de 330 ml diminuiu em 25% nas duas últimas décadas, mas novas reduções no material parece que serão agora muito pequenas.

Entretanto, os fabricantes de latas de alumínio voltaram-se ao desenvolvimento de latas que tenham um apelo mais estético e de novidade. A tendência agora está em latas com novas formas. A Coca-Cola desenvolveu uma lata de alumínio para combinar com a sua garrafa de vidro de forma tradicional, seguindo a introdução de garrafas PET com o mesmo formato[5]. A nova lata de metal da Heineken reflete o formato curvilíneo do tradicional copo de cerveja britânico (pint)[6].

Existem outras novidades desenvolvidas para latas especialmente no Japão. Muitas incluem mecanismo para facilitar a abertura e o fechamento das latas. Há mecanismos que reproduzem o colarinho de espuma, como o do chope, quando a lata é esvaziada dentro do copo.

Latas que aquecem e que gelam foram inventadas utilizando reações químicas exotérmicas e endotérmicas dentro de cavidades vedadas e separadas. A lata que se aquece usa a reação entre a cal virgem e água. A lata que se gela usa nitrato de sódio e água ou dióxido de carbono líquido[7].

Folhas de alumínio e bandejas

A folha de alumínio é produzida laminando o alumínio através de rolos aquecidos ou por fundição e laminação a frio. A ponta da embalagem (*packaging end*) utiliza bandejas semirrígidas que podem ser levadas ao forno a laminações com plástico.

A folha de alumínio fornece a melhor barreira flexível que existe, sendo impermeável a água, gás e aromas. É leve e resiste à maioria dos produtos químicos e óleos. É estável a temperaturas quentes e frias; alimentos podem ser congelados e depois cozidos nela. É conformável e pode manter vazios, apesar de a gordura poder criar furos.

A folha de alumínio foi usada primeiro para empacotar doces. Ainda tem muita utilização para empacotamento, mas é agora normalmente laminada a outro substrato como papel encerado ou plástico. Isto permite que seja usada uma camada muito fina de alumínio como uma barreira, enquanto minimiza problemas de furos. Folhas de alumínio são utilizadas para enrolar gomas de mascar e cigarros, revestir caixas de cereais, e como tampas para copos com produtos derivados do leite e bebidas. Também são usadas para laminar tubo de pasta de dente.

Uma das aplicações mais importantes é em operações de *form-fill-seal* para produtos alimentícios líquidos processados a quente. *Pouches* para cozimento são tipicamente uma laminação do PET (na parte de fora para conferir resistência mecânica), alumínio (para gerar barreira) e PP como uma camada de solda. A embalagem para líquidos embalados de forma asséptica normalmente inclui uma camada de alumínio para barreira com papel (para impressão) e PE para vedação.

As bandejas de alumínio prensado, feitas de folhas grossas de alumínio, foram originalmente desenvolvidas para suprir os padeiros com vasilhas e pratos para os assados. Esses pratos de alumínio ficaram populares nos anos 1960, como pratos para comida congelada chamados de *TV dinners*, pois uma refeição individual poderia ir do *freezer* ao forno e ser ingerida (presumidamente em frente à TV) no mesmo contêiner. Bandejas de alumínio têm sido também usadas de forma extensiva para armazenar comida congelada, cozinha institucional e refeições quentes "para viagem".

Com o advento do forno de micro-ondas, a demanda por refeições prontas cresceu drasticamente. Alimentos preparados especificamente para o micro-ondas estão crescendo e bandejas para esse mercado estão sendo produzidas de papel cartão revestido, plástico e alumínio.

Houve alguma controvérsia sobre a conveniência de se usar alumínio nos primeiros fornos de micro-ondas, pelo fato de que arco elétrico ocorria quando objetos de metal eram colocados no forno quando ligado, algumas vezes estragando-o. Isto foi muito melhorado com a evolução da eletrônica anos depois. Também surgiram questões sobre se o alumínio cobria algumas áreas durante reaquecimento.Um estudo realizado em 1984 não encontrou nenhuma diferença significativa entre a temperatura de alimentos aquecidos em fornos de micro-ondas em embalagem de alumínio e outros tipos de embalagens para micro-ondas, mas em 1988 e 1989 estudos mostraram variações na eficácia do aquecimento feito em fornos, produtos e embalagens diferentes, bem como entre áreas diferentes em uma mesma bandeja.

Outras lâminas de metal foram desenvolvidas e usadas em embalagens, embora agora sejam raras, pois o plástico e o alumínio têm melhor custo. A folha de estanho (feita de uma liga de estanho e chumbo ou antimônio ou zinco ou cobre) é usada para embrulhar chocolates desde 1840. Lâminas de alumínio revestido de chumbo foram usadas para revestir caixas de chá em 1800 e como embalagem para cigarros desde 1930. Lacres de chumbo foram utilizados para garrafas de vinho até 1980.

As lâminas de alumínio revestidas de ferro foram produzidas comercialmente por muitos anos e a sua utilização como embalagem tem sido revista periodicamente. Ela foi laminada com filme plástico no Japão e na Europa e utilizada para fazer pacotes de porções de gelatina. O material pode ser produzido por calandragem a quente, conformação direta do fundido via uma matriz tipo fenda, por sinterização de pó em compressão ou por deposição eletrolítica. O seu principal ponto negativo é que a superfície muito brilhante e reativa enferruja muito facilmente e, portanto, necessita de proteção imediata.

Tambores e bombonas de aço

O aço de grosso calibre é usado para fazer tambores e bombonas para produtos perigosos ou outros líquidos que são transportados em grandes volumes. Eles foram introduzidos no início de 1900 em substituição aos barris de madeira, especialmente para derivados do petróleo. Barris, tambores e bombonas são fortes – um cilindro é o formato mais resistente – e podem ser facilmente manuseados por uma única pessoa (rolando-os), embora a maioria seja agora paletizada e manuseada mecanicamente.

A maioria dos tambores e bombonas (bombonas são menores que os tambores) é feita de aço tratado para resistir à ferrugem. Revestimentos são aplicados na parte interior, sendo do tipo fenólicos para proteger contra ácidos e do tipo epóxi para proteger contra álcalis. A parte exterior é pintada para dar proteção adicional contra ferrugem e para decoração.

Eles existem em dois estilos: um no qual o topo do recipiente é fixo com uma abertura rosqueada que é utilizada para envase e outro no qual toda a tampa é removível, segura por uma abraçadeira de fechamento. Os contêineres são costurados de uma maneira similar àquela utilizada para a manufatura das latas.

Referências da Parte 2

[1] Johansen, R. "Favorable conditions for plastic coated glass bottles?" *In-Pak,* v. 14, n. 6-7 (1993), p. 25.

[2] Doyle, PJ. "Recent developments in the production of stronger glass container". *Packaging Technology and Science*, v. 1, n. 1 (1988), p. 47-53.

[3] "Defending the steel can in Japan". *Can Technology International*, v. 3, n. 8 (1996), p. 22-25; "Laminated cans for new markets". *Canner* (jun. 1997), p. 40.

[4] "Nitrogen stabilizes thin-walled containers". *Packaging Report*, n. 9 (set. 1990), p. 30.

[5] Lindsay, D. "Shaped to sell". *Beverage World*, v. 116, n. 1635 (15 mar. 1997), p. 91-2,94.

[6] Brown, M. "Heineken shapes up". *Canmaker*, v. 19 (nov. 1997), p. 19-20.

[7] Newman, P. "Just one look". *Canner* (ago. 1995), p. 32-6.

Parte 3

materiais
sintéticos

5

introdução aos
plásticos

A palavra plástico descreve materiais que podem ser feitos macios e maleáveis, capazes de serem moldados ou de receber um determinado formato, os quais então são endurecidos por aquecimento, reações químicas ou esfriamento. Como tal, a maioria dos materiais – incluindo barro, metais ou vidro – pode rigorosamente ser descrito como material "plástico". Entretanto, o termo é usado agora para descrever materiais sintéticos que podem ser colocados em formatos úteis por meio de calor – uma versão abreviada da palavra termoplástico.

Os primeiros do que agora nós chamamos de plásticos foram desenvolvidos por Parker, há mais de 100 anos, durante a busca para substituir materiais decorativos naturais, tais como o marfim, ébano e a casca da tartaruga. Os primeiros plásticos foram principalmente do tipo conhecido como plásticos termofixos, isto é, aqueles que, uma vez moldados dentro de uma fôrma final e colocados para aquecer, não poderiam mais ser amolecidos. De 1930 até 1950, os plásticos termofixos tornaram-se os principais tipos de plásticos, sendo o mais conhecido o baquelite. Esses materiais com base fenol-formaldeído, ureia-formaldeído ou melanina-formaldeído tiveram aplicações em embalagem principalmente como tampas rígidas e acessórios, pois a sua fragilidade e limitações quanto à forma fizeram com que não fossem adequados para a maioria dos contêineres.

Somente quatro termofixos são ainda utilizados para embalagem. Fenol-formaldeído (PF) e ureia-formaldeído (UF) são usados principalmente para tampas de garrafas. UF é resistente a óleos e solventes e usado na indústria de cosméticos; PF é utilizado para tampas farmacêuticas, pois é mais resistente à água. Ambas as tampas, de UF e PF, foram amplamente substituídas por polipropileno. Poliéster reforçado com fibra de vidro, um outro termofixo, tem sido usado como tanques de armazenamento e como grandes contêineres para transporte. Poliuretano, usado como espuma para acolchoamento, é também um termofixo.

Filmes de celulose regenerada (também conhecidos por celofane) são também um dos materiais sintéticos mais antigos, mas não são qualificados como um material plástico baseado na sua origem ou natureza, como descrito no Capítulo 11. Ele é derivado de celulose natural (madeira principalmente) e não pode ser moldado, pois pode ser manufaturado somente

50

materiais para **embalagens**

como uma folha fina. Sendo celulose natural, não amolece com o calor mas carboniza como o papel (uma chama é o modo mais fácil para esse teste), em vez de derreter como plástico. O seu nome no início era "papel transparente".

Os materiais termoplásticos (ao contrário dos termofixos) foram desenvolvidos durante os anos 1930. O celuloide (nitrato de celulose e cânfora) e o acetato de celulose, derivados da celulose natural, e o Perspex (o nome registrado para o polimetilmetacrilato) são exemplos de materiais termoplásticos, mas inicialmente com uso muito restrito em embalagem.

A partir de 1950, materiais termoplásticos tornaram-se mais largamente disponíveis e o termo químico **polímero** foi adotado. A palavra significa literalmente muitas partes, referindo-se à ligação de monômeros, pequenas moléculas, em cadeias.

O arranjo de cadeias macromoleculares afeta as propriedades do material. Se as cadeias são conformadas de forma aleatória, o plástico é chamado amorfo e é de baixa densidade e elástico. Se elas se dispõem paralelas, o plástico é chamado cristalino e é normalmente mais rígido e de alta densidade. O polietileno, por exemplo, pode variar de densidade alta para muito baixa, de acordo com a quantidade relativa desses arranjos diferentes das mesmas moléculas.

Os termoplásticos são de longe a forma dominante de todos os plásticos hoje em uso. Eles são todos com base na química orgânica (porque suas cadeias longas de átomos de carbono podem construir moléculas gigantes) e no momento são virtualmente todos derivados de matéria--prima petroquímica, principalmente os óleos crus. Eles podem, na verdade, ser produzidos de outras fontes orgânicas, incluindo materiais vegetais, mas fatores de natureza econômica fazem com que estes materiais sejam de pouco interesse, embora em longo prazo provavelmente se tornarão significativos.

A maioria dos principais polímeros é derivada de gases simples, como etileno e propileno, moléculas dos quais se juntam para formar polietileno e polipropileno respectivamente. Entretanto, a tecnologia para separar os gases em monômeros puros (como etileno e propileno) e para induzi-los à polimerização sob a influência de pressão e catalisadores, em materiais sólidos (como polietileno e polipropileno), é complexa e cara. Somente a disponibilidade das matérias-primas e a economia no processamento em grande escala fazem os materiais ficarem com baixo custo.

Existem cerca de 12 materiais plásticos comumente usados em embalagem, produzindo um espectro de propriedades para combinar a maioria das necessidades. Os principais tipos de termoplásticos usados para embalagem são polietileno (PE), polipropileno (PP), policloreto de vinila (PVC), poliestireno (PS), poliéster (PET e PEN) e poliamida (náilon). Nos Capítulos 6 a 10 são discutidos essas embalagens plásticas e os polímeros relacionados.

A Tabela 5-1 estima o consumo de plástico no mundo em 151 milhões de toneladas por ano (ano 2000). Os materiais com a produção mais alta são polietileno de baixa densidade e policloreto de vinila. O poliéster é o de maior crescimento. Na Tabela 5-2 é mostrado que, na Europa, os polietilenos constituem a maior proporção de polímeros usados para embalagem.

Os plásticos podem ser combinados em muitos tipos diferentes de estruturas para fornecer um nível de desempenho não disponível em um único material. No Capítulo 13 são explorados os materiais compósitos flexíveis e suas propriedades distintas. Os plásticos em uso hoje têm sido utilizados nos últimos 10-50 anos e podem ser combinados para suprir a maioria das necessidades de embalagem.

capítulo **5** – introdução aos plásticos

Tabela **5-1**

Consumo de plásticos no mundo, 1994-2000 (milhões de toneladas)

	1994	1995	2000	AAGR% 1995-2000
Produção	121	127	152	3,6
Consumo				
PEBD/PELBD	22	23	30	5,5
PEAD	15	16	20	4,6
PP	18	19	26	6,5
PS	10	10	13	5,4
PVC	20	22	28	4,9
ABS	3	3	4	5,9
PET	0,8	0,8	1,2	8,4
Outros	28	27	29	
Todos os plásticos	117	121	151	4,5

Fonte: Business Communication Company (ago 1997). © 1997 The Dialog Corporation plc

AAGR = taxa média de crescimento anual

Tabela **5-2**

Tipos de polímeros usados em embalagem, somente Europa, 1989-1995

	1989			1995		
	Uso total 1.000 ton	Uso embal. 1.000 ton	Mercado %	Uso total 1.000 ton	Uso embal. 1.000 ton	Mercado %
PEBD/PELBD	5.250	3.804	72,5	5.825	4.340	74,5
PEAD	2.720	1.496	55,0	3.597	2.295	63,8
PS e EPS	1.720	1.000	58,1	2.352	957	40,7
PP	3.350	958	28,6	3.692	1.677	45,4
PVC	4.880	889	18,2	5.401	860	15,9
PET		299			800	672	84,0
Outros	1.707	103	6,0	1.787	186	10,1
Total	**19.627**	**8.549**	**43,6**	**23.454**	**10.987**	**46,8**

Fonte: APME

As principais limitações dos plásticos são o desempenho quanto a barreiras e tolerância ao calor. Um polímero que oferecesse melhor desempenho nesses dois aspectos a um custo razoável poderia fazer cessar a procura por um único material plástico "ideal".

As pesquisas no campo dos plásticos de engenharia continuam de maneira ativa nas aplicações com demandas para maior desempenho. A pesquisa para isso pode, algumas vezes, levar ao desenvolvimento de novos polímeros apropriados para uso em embalagem ou podem levar a novos métodos de produção, os quais fazem até agora alguns dos materiais de engenharia de alto custo serem disponíveis a custos menores e, então, considerados para aplicações mais amplas, tais como embalagem. No Capítulo 12 são descritas aplicações de embalagem para alguns materiais de alto desempenho.

Melhorias no desempenho ou na utilização não necessariamente necessitam de desenvolvimento de novos polímeros. Existem muitas variações e permutações de plásticos de uso hoje que podem estender o leque de suas aplicações.

O desenvolvimento para aumentar o desempenho inclui modificações de processo, tais como o uso de diferentes catalisadores, combinando dois ou mais monômeros (para formar copolímeros e terpolímeros) e blenda de diferentes materiais. Existe uma longa lista de permutações possíveis combinando qualquer coisa de dois até dez materiais diferentes (plásticos e não plásticos) em alguma forma de multicamada ou estrutura de blenda, permitindo, então, que as melhores propriedades de cada material sejam empregadas da maneira mais econômica possível. No Capítulo 13 é discutida a estrutura multicamada, blenda de plásticos e aditivos.

Os aditivos podem ser usados para adicionar propriedades específicas quando necessário. Alguns exemplos incluem agentes antiembaçamento, antioxidantes, antiestáticos, cores, retardadores de chama, agentes de espumação, lubrificantes, agentes desmoldantes, plastificantes, estabilizadores ao calor e a ultravioleta e agentes reativos superficiais. As cargas (tais como vidro e minerais) e materiais reforçados (como fibras) são também usados para conceder propriedades específicas.

Também é possível modificar as propriedades de um material básico depois que ele foi produzido – seja na forma de polímero ou em sua forma convertida como um filme ou um contêiner. Por exemplo, irradiação pode produzir reticulação para fortalecer um material, já que as moléculas longas combinam-se em vários pontos para formar uma forte matriz tridimensional. Superfícies podem ser modificadas pela exposição a gases reativos e até o calor ou estiramento pode alterar fortemente as propriedades físicas do material plástico. Por exemplo, é comum tratar à chama uma superfície plástica para facilitar a impressão.

Plásticos oferecem propriedades vitais importantes para embalagem. Eles são leves, resistentes, resistentes à água, inertes, higiênicos, facilmente conformados em seções complexas ou muito finas, virtualmente não quebráveis, variam de muito transparente a colorido forte e podem ser reprocessados depois de usados ou incinerados para permitir a recuperação de muito do seu conteúdo energético.

Apesar de a civilização ter existido sem os plásticos por milênios, não já dúvida de que, dado o presente modelo de vida, uma grande quantidade de outras fontes seria necessária se os plásticos não fossem disponíveis por alguma razão. O instituto alemão de produtores de plásticos (em inglês German Plastics Manufacturers Institute, GVM), em resposta ao alto grau de críticas aos plásticos, produziu uma avaliação sobre o impacto que o banimento de todos os plásticos de embalagem teria na economia alemã. Alocando materiais alternativos apropriados para cada um dos materiais plásticos hoje utilizados, projetou que o total de materiais consumidos aumentaria drasticamente em quatro vezes. Além do mais, o consumo de energia dobraria e o volume de lixo também dobraria[1].

Não há dúvida de que o uso de plástico para embalagem irá crescer no futuro. A Tabela 5-1 mostra que era esperado que todos os plásticos tivessem um crescimento mínimo de 4,5% de 1995 até 2000, com o PET tendo o maior crescimento percentual.

Processamento de plásticos

Todos os termoplásticos são fundidos pelo calor. A pressão faz com que eles fluam e tomem novas formas; o resfriamento solidifica-os ao formato do molde. Sobras, produtos defeituosos e plásticos usados podem ser fundidos novamente ou reciclados. Essa facilidade de tomar forma e a economia pelo reúso fazem com que os termoplásticos sejam populares para aplicações em embalagem.

Com a resina plástica pronta na forma de grânulos, o primeiro estágio do processamento dos plásticos é aquecê-los e dar forma de produtos, sendo por um processo contínuo de extrusão ou por um processo de injeção intermitente, que é descrito mais adiante.

Na extrusão, os grânulos de polímeros são colocados dentro de um funil de alimentação pelo qual por gravidade entram e são misturados e forçados com o uso de uma rosca, através de uma zona aquecida, antes de sair como um filme contínuo ou tubo de plástico fundido que pode então ser moldado ou soprado em folhas/lâminas ou em formas como as de garrafa. Um esquema de um processo típico de extrusão é mostrado na Figura 5-1. Para grandes embalagens como bombonas, a extrusora não é grande o suficiente e então usa-se um acumulador na cabeça da extrusora acionada por um êmbolo.

Figura **5-1**
Diagrama de uma extrusora

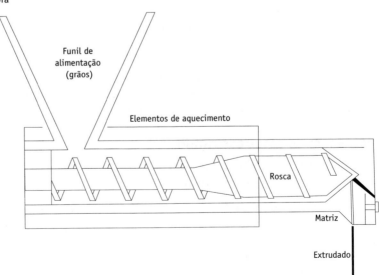

54

materiais para **embalagens**

Para qualquer um dos métodos de extrusão, é possível produzir estruturas multicamadas ou coextrusões de dois ou mais polímeros, cores e assim por diante. Coextrusão pode combinar materiais com propriedades diferentes para produzir um ótimo desempenho. A técnica requer somente um número de extrusoras (uma para cada camada diferente) que alimentam uma matriz que força as várias camadas a saírem justapostas. As camadas amolecidas se aderem como um único material se elas forem compatíveis.

Fabricação de filme

Para fazer um filme, o plástico é extrudado ou como uma chapa e conformado por rolos resfriados, ou soprado em tubos ou balões.

O filme plano pode ser grosso ou fino, as chapas mais grossas são geralmente usadas para termoformagem ou são cortadas e encaixotadas. O filme moldado mais fino é usado em muitas aplicações em embalagem.

O filme plano é resfriado mais rapidamente que o filme soprado, sendo orientado principalmente na direção da extrusão. Alguns filmes são orientados biaxialmente depois da extrusão, tornando-se mais resistentes em ambas as direções, na direção da máquina e na direção transversal; ao mesmo tempo, o procedimento faz o filme ficar mais fino. A orientação pode também melhorar a transparência, propriedades de barreira à umidade e durabilidade à baixa temperatura.

Ao contrário, o filme soprado é resfriado mais lentamente pelo ar para inflar o tubo de plástico sem costura enquanto é puxado para cima. Esse resfriamento mais lento permite que as moléculas sejam orientadas em todas as direções, produzindo um filme com maior resistência à perfuração. Embora o controle da espessura seja mais difícil, a uniformidade pode ser melhorada utilizando uma matriz rotativa. Depois de resfriado, o tubo é achatado e enrolado como uma folha dupla (formada pelo tubo achatado). Um esquema do processo típico de sopro de filme é mostrado na Figura 5-2.

A solda a quente dos filmes termoplásticos é um dos mais importantes atributos da conformação. A Tabela 5-3 mostra valores típicos da temperatura de solda de filmes para embalagens plásticas. Uma ampla variação de temperatura de soldagem é normalmente desejada para garantir a qualidade da vedação sob condições variáveis. Embora a maioria dos plásticos irá selar a uma temperatura suficientemente alta, plásticos de alta temperatura de fusão são geralmente revestidos com outro plástico que funde a temperaturas mais baixas, como, por exemplo, o polietileno de baixa densidade (PEBD).

Moldagem de plásticos rígidos

As garrafas são produzidas por um processo de moldagem a sopro. Existem três tipos: extrusão, injeção, e moldagem por injeção, estiramento e sopro (ISBM) de pré-forma.

Moldagem por sopro na extrusão é similar ao processo de sopro de garrafa de vidro. Enquanto ainda mole, um tubo de paredes grossas extrudado chamado parison ou pré-forma é seguro entre duas metades de um molde e ar é então soprado dentro do tubo. A garrafa é resfriada no molde e então aparada. Somente a superfície externa copia o molde e existe um limite de precisão que se consegue por causa dessa restrição.

Figura **5-2**
Equipamento típico de conformação de filmes por sopro

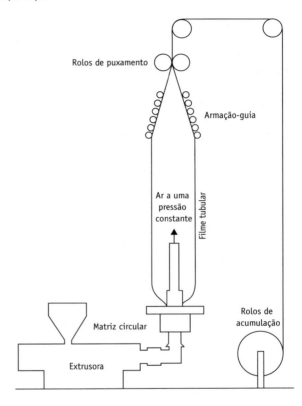

Tabela **5-3**
Faixas típicas de temperatura nas quais um plástico pode ser soldado

Material	Faixa de temperatura de soldagem (°C)
Ionômero	88-205
PELBD	121-148
PEBD	121-177
PEAD	135-155
PVC e PVdC	121-177
PP	163-205
Polímero fluorado	177-205
Náilon	177-260
PC	205-221

Obs.: Nem o PET nem o OPP podem ser soldados a quente sem tratamento especial ou revestimento
Fonte: Adaptado de Soroka, W. *Fundamentals of Packaging Technology.* IoPP, USA (1995)

A maioria dos plásticos pode ser moldada pelo processo de sopro na extrusão, incluindo-se PE, PP e PVC. É o processo predominante para fazer contêineres plásticos, de pequenos a grandes, chegando até a grandes tanques. Os vasilhames mais comuns de detergentes e de leite são feitos por esse processo.

As garrafas que têm duas ou mais camadas de material podem ser feitas de um parison coextrudado. É comum usar material reciclado em tal construção sanduíche, com o plástico reciclado sendo encapsulado por material virgem. Tais construções eliminam possível contaminação do produto do material reciclado e fazem com que se use uma cor-padrão para a parte exterior da embalagem. Outra aplicação é para fazer camada tipo sanduíche com uma camada de copolímero de etileno e álcool vinílico (EVOH), que possui uma barreira muito boa ao oxigênio mas que é suscetível à umidade, entre duas camadas de uma boa barreira à umidade. Em alguns, uma camada de adesivo deve ser incorporada para melhorar a adesão entre dois materiais.

A economia de moldagem a sopro (incluindo o transporte de vasilhames vazios) é tal que muitas garrafas são agora conformadas na própria unidade onde são envasadas e rotuladas ou perto delas. Existem crescentes esforços para integrar essas operações. Nos novos processos de sopro, envase e solda assépticos, as garrafas são sopradas, enchidas com líquido estéril enquanto ainda no molde e então soldadas com uma matriz aquecida antes de serem ejetadas. Outros sistemas assépticos são disponíveis, nos quais garrafas estéreis são lacradas no ponto da manufatura com um fino diafragma removível. Este é cortado sob condições assépticas no ponto de envase. Rotulagem dentro do molde (do inglês *In-mould-label*, IML) é outra variação interessante, na qual um rótulo impresso com um adesivo termoativado é colocado dentro da cavidade do molde de sopro se aderindo ao parison quente em expansão.

Moldagem por injeção e sopro dá precisão ao processo de fabricação de garrafas. Ele começa com a injeção de um parison na forma de um tubo, que é então soprado dentro de um segundo molde com tamanho da peça final.

Como o gargalo da garrafa é moldado por injeção, suas dimensões são mais precisas, uma característica importante para permitir fixação hermética da tampa. Este processo é usado principalmente em garrafas de uso farmacêutico e cosmético, pois são pequenas e é importante o acabamento preciso do gargalo.

Moldagem por injeção com estiramento e sopro é utilizada para produzir o grande número de garrafas PET usadas para bebidas carbonatadas e água. Uma pré-forma injetada é aquecida a uma temperatura tal que permite que possa ser estirada através de um êmbolo inserido dentro da pré-forma. A seguir, é feito o sopro reorientando a estrutura cristalina, enquanto a pré-forma é estirada dentro do molde (veja Figura 5-3).

Existem dois processos alternativos disponíveis. No processo de um único estágio, o aquecimento residual do processo original de injeção é retido na pré-forma e ela é imediatamente estirada e soprada. No processo de dois estágios, a pré-forma é resfriada e transportada até o ponto de uso onde é reaquecida e soprada dentro dos moldes no local do envase.

Em moldagem com estiramento e sopro, o plástico é reforçado por orientação biaxial das moléculas que melhora a resistência, transparência, brilho, rigidez e o desempenho à barreira de gás. Embora a maioria dos plásticos seja capaz de orientação, PET e PP (e em menor extensão, o PVC e o PEN) são mais comumente processados dessa maneira.

Figura **5-3**
Moldagem por estiramento e sopro

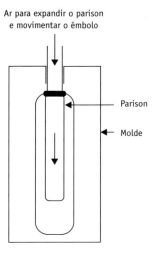

Figura **5-4**
Moldagem por injeção

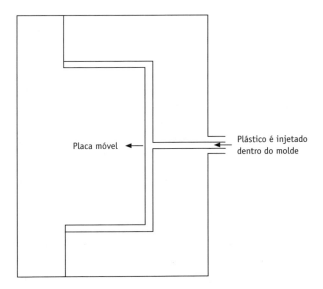

A moldagem por injeção é utilizada para fazer tampas, tubos de boca larga, caixas de formas complexas e as pré-formas para a moldagem por injeção e sopro. O plástico derretido é injetado sob pressão em um molde contendo todos os detalhes necessários. O molde é feito em duas metades que são justapostas durante a moldagem e então abertas para ejetar a peça (veja Figura 5-4). Com esta técnica, é possível obter dimensões altamente precisas, detalhes e seções muito finas.

Contêineres e partes termoformadas são moldados a partir de placas extrudadas de plásticos. Chapas mais finas (0,5-2,0 mm) são utilizadas para fazer tijelas, xícaras e bandejas por um processo contínuo de alimentação do filme. As chapas mais grossas (1,5-13,0 mm) são normalmente alimentadas individualmente, sendo usadas para fazer paletes e bandejas.

A chapa plástica é amolecida pelo calor e então forçada contra uma ou várias cavidades usando ar pressurizado (seja vácuo ou ar comprimido positivo, sendo o vácuo limitado a 1 atmosfera) e/ou por pares de moldes tipo macho-fêmea (veja Figura 5-5). O material é então resfriado e as rebarbas são aparadas. Como a distribuição do material é diretamente relacionada à geometria da peça, um êmbolo é utilizado para aumentar a uniformidade, especialmente nos cantos que sempre tendem a formar seções mais finas.

Figura **5-5**
Termoformagem

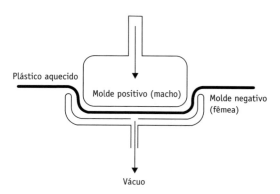

Plásticos expandidos ou espumas são formados por bolhas dispersas de gás no polímero fluido e então estabilizados, resultando em uma estrutura celular. O material pode ser extrudado em uma placa ou moldado por injeção. As aplicações dos plásticos expandidos variam de bandejas flexíveis para alimentos e materiais para acolchoamento/revestimento até caixas paletizadas de espuma estrutural rígida.

Existem vários sistemas híbridos em uso. Um é a conformação sob pressão no estado sólido, no qual pré-formas moldadas são aquecidas e estiradas ou termoformadas. Isso faz com que a distribuição do material seja controlada no estágio da pré-forma, de maneira que a peça final é o mais uniforme possível. Outro híbrido é a termoformagem rotacional, em que o plástico derretido é extrudado diretamente dentro de uma série de moldes rotativos em um processo contínuo. As vantagens são maior uniformidade na espessura da parede, os contêineres têm menos tensão interna congelada, e é possível uma alta produtividade.

Somente um processo de conformação plástica não amolece ou derrete o plástico antes de ele entrar no molde. Na moldagem rotacional, pó muito fino de polímero (geralmente PEAD ou PEBD) é dosado e colocado em um molde de metal aquecido, que é então girado em seus três eixos para distribuir o plástico conforme ele funde. O material adere às paredes do molde e forma uma camada contínua. Moldagem rotacional é lenta; somente moldes metálicos relativamente simples podem ser usados e o processo é mais adequado para peças com grandes volumes e bombonas.

Reciclagem

Por definição, a maioria dos termoplásticos é fácil de reciclar por reaquecimento e as rebarbas sempre são recicladas. Os plásticos têm que ser separados por tipo para que a reciclagem possa produzir um material com valor igual ao do material original. Plásticos contaminados ou misturados podem ser derretidos somente para uso como materiais de baixo valor.

Para serem reciclados, os plásticos que foram consumidos têm que ser separados por tipo e cor e transportados para plantas processadoras, onde eles são cortados e moídos em flocos que são então lavados e derretidos em grãos. A Sociedade Americana da Indústria dos Plásticos (do inglês The US Society of the Plastic Industry – SPI) criou como norma um sistema de código, também largamente utilizado fora dos Estados Unidos, para a maioria das resinas plásticas comuns (veja Figura 5-6), e agora muitas garrafas e vasilhames incluem o código no material.

Figura **5-6**
Sistema de código para reciclagem de resinas da SPI

É a separação, a coleta e o transporte que fazem com que a reciclagem de alguns plásticos não seja economicamente viável e pode resultar em mais impactos ambientais do que outras opções de descarte. Deve ser notado que plásticos misturados podem facilmente ser "reciclados" em energia para incineração e que em aterros sanitários eles são inertes (pelo menos por muitos anos).

Os plásticos que são mais altamente reciclados são garrafas de refrigerantes PET e garrafas de leite e detergentes de PEAD. Eles são abundantes, fáceis de serem reconhecidos e separados e as resinas (especialmente o PET) têm bom valor no mercado. Filmes de PELBD para embrulho e poliestireno expandido (isopor) são reciclados em alguns países. Em alguns países da Europa e no Japão, a reciclagem de todos os plásticos foi considerada obrigatória pelos seus governos. As dificuldades práticas de forçar tal legislação, entretanto, podem significar que este objetivo dificilmente será atingido e muito menos economicamente viável.

6

poliolefinas –
polietileno e
polipropileno

As poliolefinas são os carros-chefe do setor de plásticos para embalagem em razão da variedade de propriedades. Eles são os plásticos mais baratos de todos. São fortes, resistentes e têm uma boa barreira ao vapor de água. Como as propriedades das poliolefinas estão sendo melhoradas continuamente, o valor desses materiais na aplicação de embalagens continua a crescer.

Como o próprio nome diz, poliolefinas são formadas pela polimerização de certos hidrocarbonetos insaturados conhecidos como olefinas (ou alquenos). O polietileno e o polipropileno são de longe as poliolefinas mais importantes utilizadas para embalagem, embora outros membros da família, tais como o polibutileno e o polimetilpenteno, tenham suas utilizações já estabelecidas.

Cada poliolefina é caracterizada pela sua unidade repetitiva, com cada mero sucessivo na série contendo um grupo CH_2 a mais. Então, o etileno é C_2H_4, o propileno é C_3H_6 e o butileno é C_4H_8. O número de átomos de hidrogênio é sempre duas vezes o número de átomos de carbono. O mero do polietileno é mostrado na Figura 6-1.

Figura **6-1**

Unidade repetitiva (mero) do polietileno

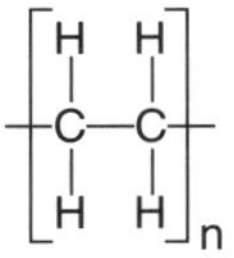

$$
\left[\begin{array}{cc} H & H \\ | & | \\ -C-C- \\ | & | \\ H & H \end{array} \right]_n
$$

O fato de os átomos de carbono e hidrogênio serem arranjados em muitas maneiras diferentes faz que seja possível produzir variações nas propriedades utilizando-se técnicas de polimerização diferentes e diferentes catalisadores. Atualmente, existe um grande investimento em pesquisa na área de catálise, especialmente metalocenos, para incrementar as propriedades das poliolefinas.

Polietileno (PE)

O polietileno é valorizado por três propriedades: resistência, soldagem a quente e a barreira que ele apresenta à água e ao vapor d'água. Outras características benéficas são poucas, como absorção à umidade e baixo coeficiente de fricção. É geralmente inerte e tem excelente resistência química, embora seja atacado por ácidos oxidantes e seja permeável à gasolina e ao xileno.

O polietileno tem o custo mais baixo entre as resinas de embalagem. Além de ter também o mais baixo ponto de amolecimento dos plásticos de embalagem, os seus custos de energia de processamento são também baixos. A família dos polietilenos é a mais versátil e econômica dentre as resinas poliméricas. Como resultado, o polietileno é um dos materiais mais populares para embalagem, e seu uso pode variar de garrafas para leite até sacos plásticos.

O baixo ponto de amolecimento, entretanto, faz com que o PE não seja apropriado para aplicações de envase a quente. Filmes e sacos de PE mantêm sua flexibilidade a temperaturas baixas e são usados para alimentos congelados.

O polietileno é difícil de imprimir e sua superfície deve ser tratada a fogo para contêineres rígidos ou por tratamento corona, no caso de filmes.

Ele é formado de cadeias longas de unidades C_2H_4, mas, em razão da habilidade dos átomos de carbono formarem ramificações laterais e as variações nas condições às quais a polimerização acontece, o material não é sempre formado com as moléculas do mesmo formato ou do mesmo tamanho. As moléculas são cadeias longas com ramificações que se entrelaçam em vários modos para formar um material resistente, transparente e de soldagem a quente.

As propriedades dos diversos tipos de polietileno dependem da densidade, massa molar (peso molecular), morfologia (conformação molecular) e do grau de cristalinidade. A principal diferença de desempenho entre os tipos está na rigidez, resistência ao calor, resistência química e capacidade de suportar cargas.

Densidade é uma forma de se ter uma medida da cristalinidade do material. A densidade do polietileno pode variar de 0,970 g/cm³ até 0,880 g/cm³. Na Tabela 6-1 são mostradas as densidades relativas dos tipos comuns de polietileno, de altas densidades até densidades muito baixas.

Tabela **6-1**

Densidades relativas dos polietilenos

	g/cm³
PEAD	0,940-0,970
PEBD	0,915-0,939
PELBD	0,916-0,940
PEUBD	0,880-0,915

Fonte: Modern Plastics Encyclopedia Handbook. McGRaw-Hill (1994)

Com o aumento da densidade, aumentam as propriedades da resistência à tração, barreiras a gás e vapor d'água, rigidez e estabilidade térmica. As propriedades que diminuem com o aumento da densidade são transparência, resistência ao impacto, alongamento e selagem a quente.

A estrutura molecular dos vários tipos de polietileno varia. O polietileno de baixa densidade (PEBD) é caracterizado por ramificações laterais longas que dão à resina sua combinação de flexibilidade, transparência e facilidade de processo. O polietileno de alta densidade (PEAD) tem uma estrutura mais linear, permitindo um empacotamento mais denso das moléculas, resultando em um material mais denso e rígido. Ao polietileno linear de baixa densidade (PELBD) falta a ramificação de cadeia longa do PEBD, e ele tem uma distribuição de massa molar mais estreita. A Figura 6-2 mostra como diferem as suas estruturas moleculares quanto ao tipo de ramificação.

Figura **6-2**

Diferentes tipos de cadeia apresentados pelo polietileno de alta densidade, baixa densidade e linear de baixa densidade

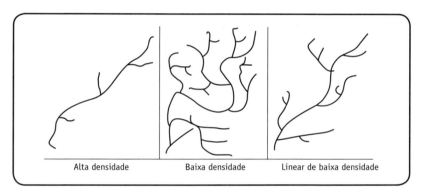

O polietileno de baixa densidade (PEBD) foi produzido primeiro em 1933 na Inglaterra pela Imperial Chemical Industries. No início de 1950, a Phillips Petroleum comercializou os catalisadores que são usados para produzir polietileno de alta densidade (PEAD), que se tornou o primeiro produto comercial de polimerização de etileno catalítico. Em 1960, a *DuPont* do Canadá começou a produção de polietileno linear de baixa densidade (PELBD) usando um novo grupo de catalisadores do tipo metais de transição. Em 1976, uma nova família de catalisadores usando catalisadores metalocênicos de "sítio único" foi descoberta. Agora, PEAD, PELBD e PEUBD (polietileno de ultrabaixa densidade) podem ser produzidos por qualquer um dos inúmeros processos que venham a gerar propriedades específicas.

Polietileno de alta densidade (PEAD)

O polietileno de alta densidade é, em volume, um dos plásticos mais utilizados para embalagem, pois é econômico e pode ser utilizado em uma grande variedade de processos de conformação. Pode ser:

- moldado a sopro em garrafas para leite e sucos;
- moldado por injeção a sopro em recipientes para cosméticos;

64 — materiais para **embalagens**

- moldado por injeção como tampas e engradados;
- extrudado para filmes para uso em sacolas de todos os tipos;
- termoformado em tubos ou paletes;
- rotomoldado em grandes recipientes; e
- expandido para formação de espuma estrutural.

O PEAD é rígido, tem boa resistência à tração e ao calor. A sua alta densidade faz com que tenha melhor barreira ao vapor de água do que o PEBD, mas ainda é pobre quanto à barreira ao oxigênio. É pobre em transparência, geralmente sendo reconhecido por sua aparência opaca.

Tem uma boa resistência química e pode ser melhorado com tratamentos de superfície, tais como fluoretação e sulfonação ou por coextrusão com outros polímeros com alta barreira como o náilon.

Ele tem somente resistência moderada à tensão ambiental, o que pode fazer com que garrafas de detergente rachem quando empilhadas. Essa propriedade pode ser melhorada utilizando o copolímero PEAD com densidade mais baixa, menor cristalinidade e maior peso molecular.

A Tabela 6-2 mostra algumas áreas de inserção do PEAD no mercado norte-americano. O maior mercado é composto de garrafas moldadas por sopro usadas para leite, detergentes, xampus, remédios, óleo para motores e outros produtos de consumo. O PEAD moldado por injeção é usado para copos e tubos.

A maioria das embalagens industriais retornáveis é feita de PEAD moldado por injeção, incluindo engradados, sacolas, paletes, tambores e contêineres para armazenagem. Essas aplicações evidenciam a alta resistência do PEAD .

As embalagens de PEAD podem ser levadas ao forno de micro-ondas, mas o material começa a perder a sua rigidez em temperaturas acima de 93 °C, fazendo com que se torne adequado somente para alimentos que não sejam aquecidos a uma temperatura muito alta.

A maioria das sacolas e sacos para alimentos é feita de filme de PEAD extrudado. Ele é muito resistente, com uma boa barreira à umidade, e é normalmente utilizado para dar resistência à umidade. Revestimentos extrudados de PEAD são usados para dar resistência à umidade e à gordura para embalagens de papel.

A maior vantagem do filme de PEAD é o seu alto ponto de fusão, fazendo-o apropriado para aplicações para sacos que possam ser colocados em água fervente. A transparência é normalmente baixa e soldagem a quente, embora se consiga, é mais difícil do que para os de graus de baixa densidade. Graus de pigmentação de filmes finos são normalmente usados para fazer sacos para alimentos úmidos, como carne e peixes.

A diferença nos pontos de fusão do PEAD e PEBD é explorada em um dos principais usos para filme de alta densidade – forro para pacotes de cereais matinais. Eles consistem de um filme coextrudado de PEBD e PEAD; a solda a quente é conseguida pela superfície interna feita de baixa densidade, mas ela não funde a camada mais externa de alta densidade. Isto permite que duas superfícies sejam facilmente separadas quando abertas.

capítulo **6** - poliolefinas - polietileno e polipropileno

65

Tabela **6-2**

Mercado de embalagens nos Estados Unidos para PEAD, 1997[a]

Mercados	x1.000 ton	%
Embalagem moldada por sopro		
Garrafas para alimentos líquidos	580	23,5
Garrafas para materiais químicos de uso industrial e doméstico	478	19,3
Garrafas para óleo para motores	80	3,2
Tambores industriais	109	4,4
Filmes extrudados e revestimentos		
Filme para embalagens alimentícias	72	2,9
Sacolas para gêneros alimentícios	413	16,7
Revestimento extrudado	26	1,1
Embalagens injetadas		
Baldes	388	15,7
Tubos e contêineres (incluindo copos para bebidas)	132	5,3
Engradados	147	5,9
Tampas	46	1,9
Total	**2.471**	**99,9**

[a] Por toda a Parte 3, as tabelas de aplicações de plásticos da revista *Modern Plastics* mostram somente o consumo nos Estados Unidos, pois somente as estatísticas americanas mostram aplicações em embalagens. No mesmo número (todo mês de janeiro), são dadas estatísticas sobre o consumo de plásticos para outras regiões do mundo, mas existe pouco detalhe sobre aplicações em embalagem. Os percentuais mostrados são cálculos dos autores com base nas aplicações de plásticos que poderiam ser reconhecidos como embalagem e não incluem o consumo total do material para outras áreas.

Fonte: Modern Plastics (janeiro 1998)

Em alguns países, as garrafas de PEAD são coletadas para reciclagem. Nos Estados Unidos, acima de 250.000 toneladas de PEAD[2] reciclado são utilizadas anualmente e é esperado que este volume aumente de forma constante.

O PEAD reciclado pode ser utilizado para materiais de construção e novas embalagens. Quando usado para fazer garrafas, o material reciclado é normalmente utilizado em camadas, como sanduíche, entre camadas do material virgem, de maneira a superar o problema de mistura de cores, tipos e origem. O PEAD reciclado é utilizado com PEBD para fazer sacos de lixo.

Polietileno de baixa densidade (PEBD)

O filme de polietileno de baixa densidade é um dos mais largamente utilizados no mercado como materiais de embalagem. O seu uso varia de filmes muito finos para roupas até forração para grandes tanques para armazenagem de água.

materiais para **embalagens**

O PEBD é tenaz, semiflexível e resistente a choques. Tem uma boa barreira ao vapor de água, mas muitos vapores orgânicos e óleos essenciais o permeiam rapidamente. É quimicamente inerte e insolúvel em quase todo solvente em condições ambientais, mas é suscetível à fragilização sob tensão quando exposto a surfactantes como detergentes concentrados. É pobre quanto à barreira para o oxigênio e para dióxido de carbono, não sendo apropriado onde é provável a oxidação do produto alimentício.

A Tabela 6-3 mostra algumas áreas de inserção do PEBD no mercado americano. Mais de 50% de todo o PEBD é extrudado para filmes que são então convertidos em sacos de lixo, embalagem para alimento, sacolas, filmes estirados e encolhíveis, sacolas e revestimentos industriais.

Tabela **6-3**

Mercado americano para embalagens de filmes convencionais de PEBD, 1997[a]

Mercados	x1.000 ton	%
Filmes extrudados e revestimento		
Filme para embalagem alimentícia	460	30,5
Filme para embalagem não alimentícia	382	25,3
Filme estirável/encolhível	157	10,4
Sacolas para compras	49	3,3
Sacos para lixo	29	1,9
Recobrimentos	430	28,5
Total	**1.507**	**99,9**

[a]Veja nota da Tabela 6-2 (p. 65)

Fonte: Modern Plastics (janeiro 1998)

Filme de PEBD (e PELBD) pode ser feito por extrusão plana ou a sopro. Ele pode também ser extrudado como um revestimento sobre outro material e uma proporção significativa dele é utilizada em estruturas laminadas multicamadas ou coextrudadas onde a baixa densidade do material serve como um selante térmico médio. Muitas estruturas laminadas também usam PEBD para transparência e como uma barreira à água, utilizando outros materiais (como outros plásticos ou alumínio) para fornecer a barreira ao gás.

Outros usos além do filme incluem contêineres moldados por injeção, revestimentos extrudados e moldagem rotacional. PEBD é usado para contêineres moldados quando é necessário que se tenha a propriedade de aceitar amassamento, tais como frascos de condimentos apertáveis (*squeeze*). Algumas tampas de encaixe são também feitas de PEBD, explorando sua alta propriedade de elongação. Existem agora muitos graus diferentes de PEBD baseados no comprimento de moléculas e seus graus de ramificação e ligação cruzada. PEBD pode também ser expandido para produzir materiais acolchoados que são resistentes e fortes contra a fluência sob carga. Acolchoamento de PE é mais caro do que poliestireno expandido, mas sua flexibilidade é valiosa pelas aplicações de reúso.

Polietileno linear de baixa densidade (PELBD)

Polietileno linear de baixa densidade tem uma estrutura diferente da estrutura do PEBD, embora ambos entrem em competição por muitas das mesmas aplicações de filmes flexíveis. PELBD tem quase que uma estrutura molecular linear (daí o seu nome), mas inclui ramificações de cadeia curtas. As resinas PELBD ocupam o meio da densidade do PEBD, variando de 0,912-0,928 g/cm^3, mas suas propriedades são em alguns aspectos superiores às do PEBD. Um outro benefício é que os mesmos reatores podem ser utilizados para produzir PELBD e o PEAD*.

Os benefícios de desempenho do PELBD são resistência física maior em todos os aspectos e tolerância à temperatura mais alta. Como não há ramificação de cadeia longa, ele tem uma elongação muito maior do que o PEBD. O PELBD tem maior resistência ao rasgo, é extensível, tem resistência ao impacto e melhor resistência ao trincamento por ação ambiental sob tensão. Permite que seja produzido um material mais resistente com menos material, o que tem sido especialmente importante no mercado de filmes. Ele também oferece melhor resistência, durabilidade e resistência química do que o PEBD, mas é menos transparente.

As resinas de PELBD metalocênicas oferecem excelente transparência e soldabilidade que fazem com que sejam utilizadas especialmente em embalagens para aves e alimentos congelados.

O PELBD é utilizado tipicamente para sacolas de compras, filmes estiráveis e para sacos plásticos para cargas pesadas. Ele fornece benefícios virtualmente em todas as aplicações do polietileno. A Tabela 6-4 mostra algumas áreas de inserção do PELBD no mercado americano.

Tabela **6-4**

Mercado americano para embalagens de filmes de PELBD, 1997[a]

Mercados	x1.000 ton	%
Filmes extrudados		
Filme para embalagem alimentícia	183	2,5
Filme para embalagem não alimentícia	373	25,6
Filmes esticáveis/encolhíveis	328	22,5
Sacolas para compras	78	5,3
Sacos para lixo	490	33,5
Revestimentos	9	0,6
Total	**1.461**	**100**

[a]Veja nota da Tabela 6-2 (p. 65)

Fonte: Modern Plastics (janeiro 1998)

---

* NR: Depende da tecnologia de polimerização utilizada, bem como do sistema catalítico.

Quando o PELBD foi introduzido no mercado, era oferecido a preços mais altos que o PEBD, mas desde que o processo de manufatura favoreceu benefícios para os produtores, o material tornou-se mais disponível e a utilização do PEBD teve boa substituição pela do PELBD, forçando, portanto, uma queda nos preços. Inicialmente, o PELBD era misturado com PEBD como uma medida para otimização do custo, mas, à medida que foi se tornando disponível, a sua utilização como material único aumentou.

O PEBD e PELBD são normalmente misturados com acetato de vinila (EVA) para melhorar a tenacidade, soldagem térmica ou propriedades de agarramento (*tack*). A maioria dos filmes estirados, usados para embalar itens de forma individualizada ou em grande número, é feita de PELBD com adição de EVA para melhorar a aderência. EVA será discutido no Capítulo 7.

Novos desenvolvimentos – PEUBD e catalisadores metalocenos

Os produtores de plásticos continuam o desenvolvimento da família do polietileno na medida em que aprenderam mais sobre as possibilidades de controlar a estrutura molecular usando diferentes monômeros, processos e catalisadores.

Variações de polietileno de muito baixa densidade (PEUBD) e ultrabaixa densidade (PEUBD), tendo densidades menores do que o PEBD regular, estão agora disponíveis. Propriedades físicas para esses graus de densidade ultrabaixos são superiores até ao PELBD, com maior elongação, melhor resistência à perfuração e aderência a quente (tornando-os particularmente bons para selagem térmica mesmo em superfícies contaminadas), alta transparência e melhor desempenho à barreira ao vapor d'água[3].

As resinas PEUBD são utilizadas principalmente em coextrusão ou em blendas com PEBD, PEAD ou PELBD para se tirar vantagem de suas propriedades. As aplicações do filme incluem embalagem para carne, filmes termoencolhíveis e pacotes para alimentos congelados.

Uma nova geração de poliolefinas foi desenvolvida usando catalisadores de sítio único chamados metalocenos. As aplicações para esses materiais tenazes estão crescendo, sendo diferenciados por uma distribuição estreita e altamente reprodutível da massa molar e da composição do comonômero.

Descobriu-se que os catalisadores metalocenos produzem PEAD, PELBD, PEUBD e PP com melhor resistência mecânica, bem como em PS e outros plásticos. Frascos moldados feitos com base em metaloceno têm duas vezes mais resistência ao impacto (queda livre de dardo) do que aqueles feitos de PEAD não modificado. Filmes feitos de PELBD com metalocenos têm melhor resistência ao impacto (queda livre de dardo), rasgamento e resistência à tração. Os filmes têm melhor transparência, baixas temperaturas de soldagem e apresentam uma melhor barreira à umidade e ao oxigênio[4]. Filmes de PE metalocenos são utilizados em laminações, como uma camada seladora de alimentos líquidos[5].

Com tais propriedades, alguns tipos de polietileno estão começando a competir no mercado com outros materiais de alto desempenho, incluindo o PVC. As aplicações incluem embalagem para carne, aves e peixe que necessitam de temperaturas de soldagem baixas, e embalagens sensíveis ao sabor, tais como estruturas coextrudadas para laminações utilizadas em cereais, bolos e café.

capítulo **6** – poliolefinas – polietileno e polipropileno

69

É importante lembrar que, embora o polietileno seja um material comum com propriedades relativamente previsíveis, nem todos os polietilenos são criados da mesma forma. Materiais com as mesmas densidades podem ter propriedades muito diferentes dependendo do processo de síntese e dos catalisadores utilizados. Como a pesquisa continua, as propriedades deste importante material para embalagem (especialmente seu desempenho quanto à barreira ao gás) têm sido melhoradas e suas aplicações se estendem. Em aplicações mais técnicas, é importante ser específico no que tange às propriedades necessárias, de modo que o material corresponda ao uso pretendido.

Polipropileno (PP)

O polipropileno (PP) é outra poliolefina muito versátil, usada largamente para filme e frascos moldados. Como o PE, sua estrutura polimérica pode ser customizada para atender necessidades diversas. Ele tem a densidade mais baixa de todos os polímeros disponíveis comercialmente, o que resulta em uma alta produção. Possui uma excelente resistência química e uma boa resistência a baixo custo.

As propriedades do polipropileno são similares àquelas do polietileno, mas o seu ponto de fusão a 165 °C é mais alto do que qualquer um dos graus do polietileno, dificultando a soldagem diretamente. O alto ponto de fusão faz com que o PP seja apropriado para embalagens que vão ao micro-ondas (mas não para uso em fornos convencionais)[6].

O polipropileno fornece uma boa barreira à umidade, mas não muito boa barreira a gás. Como o polietileno, suas propriedades podem ser customizadas pela seleção de catalisadores, copolimerização, aditivos e controle da massa molar.

O polipropileno é um polímero semicristalino e o grau de cristalinidade (e, portanto, suas propriedades) pode ser controlado pelo processo de síntese. O encadeamento e a taticidade definem a regularidade de inserção das unidades do monômero, que por sua vez vão controlar as propriedades finais do produto. A molécula de propileno é assimétrica, contendo um carbono dito cabeça e outro cauda. Devido ao efeito estérico do grupo lateral metil, o encadeamento natural é o cabeça-cauda gerando regularidade espacial parcial. Neste encadeamento, a posição tática do grupo metil pode estar sempre do mesmo lado do plano da cadeia principal dito isotático, ou de forma alternada no dito sindiotático, ou de forma aleatória no dito atático (veja Figura 6-3). Polímeros atáticos têm pouca ordem e não se

Figura **6-3**

Polipropileno isotático e atático

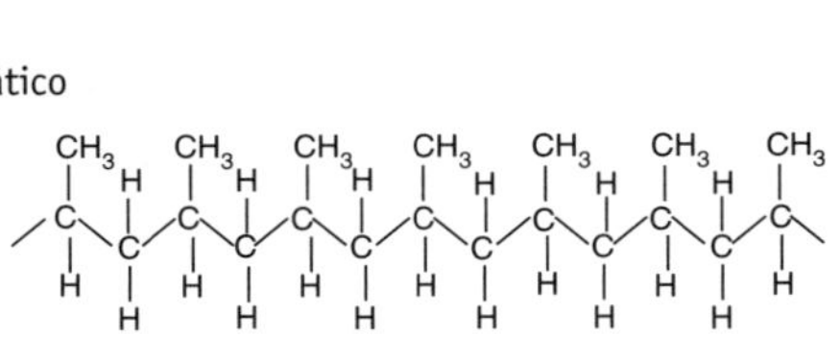

PP isotático

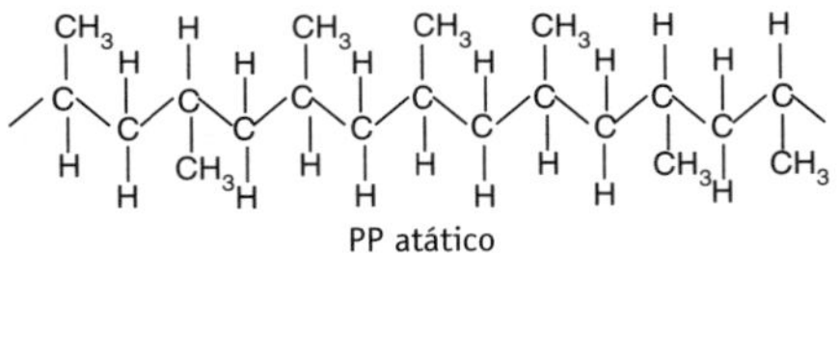

PP atático

70

cristalizam, sendo, portanto, macios e aderentes, e são usados em adesivos *hot-melt*. Nos dois primeiros casos, o polímero é semicristalino. O PP comercial normalmente contém cerca de 95% da forma isotática que lhe dá uma baixa densidade (variando de 0,900 até 0,910 g/cm³, tipicamente 0,905 g/cm³), rigidez, resistência a solvente e resistência ao calor.

O polipropileno é apresentado como um homopolímero ou pode ser misturado com outro monômero como um copolímero. Copolímeros randômicos têm pequena quantidade de um comonômero, tal como o etileno, a intervalos regulares ao longo da cadeia. Esses copolímeros são relativamente transparentes, têm melhor resistência ao impacto e pontos de fusão mais baixos e mais largos do que o homopolímero. O abaixamento do ponto de fusão é proporcional à aleatoriedade e à quantidade do comonômero. Copolímeros randômicos são usados para moldagem por sopro por causa da boa tenacidade à baixa temperatura. Copolímeros de alto impacto contêm uma grande quantidade de etileno e são caracterizados pela baixa rigidez, aumento da tenacidade à baixa temperatura e uma aparência relativamente opaca.

Modificações substanciais podem ser alcançadas nas propriedades com o uso de aditivos e cargas. Aditivos podem conferir resistência à luz solar, reduzir a tendência em reter cargas elétricas estáticas e mudar o coeficiente de fricção. Cargas, tais como o talco ou o carbonato de cálcio (giz), são utilizadas para aumentar a rigidez, melhorar o processamento ou mudar a aparência. O uso de cargas normalmente reduz a tenacidade e aumenta a densidade e a opacidade.

A tecnologia de catalisadores metalocenos oferece oportunidades para mais modificações. O polipropileno feito com tais catalisadores tem maior índice de fluidez e temperaturas de fusão mais baixas. O filme resultante oferece maior produção e filmes mais finos, que podem ser soldados a temperaturas mais baixas. As propriedades de resistência física são também melhoradas.

O polipropileno é capaz de ser convertido em uma grande variedade de formas, de fios de monofilamento a paletes. Outras aplicações incluem filme (biorientados ou não orientado), que pode ser conformado por sopro ou calandragem, e frascos e tampas que podem ser moldados por sopro, injetados ou termoformados. A Tabela 6-5 mostra os principais mercados para PP nos Estados Unidos.

Tabela **6-5**

Mercado americano para PP, 1997[a]

Mercados	1.000 ton	%
Frascos moldados por sopro	77	6,7
Filmes biorientados	429	37,6
Filmes não orientados	94	8,2
Embalagem rígida moldada por injeção	541	47,4
Total	1.141	99,9

[a]Veja nota da Tabela 6-2 (p. 65)
Fonte: Modern Plastics (janeiro 1998)

capítulo **6** – poliolefinas – polietileno e polipropileno

71

Filme de polipropileno

Filmes são a maior aplicação para o polipropileno, muitos dos quais na forma biorientada, conhecidos como OPP (algumas vezes, como BOPP). Existe filme de PP não orientado, utilizado para embalagem, principalmente para embalar balas.

O filme de PP tem progressivamente ganho lugar no mercado, lugar este que era anteriormente do filme de celulose regenerado (celofane), como um material transparente, com brilho, muito utilizado para embrulhos e embalagens do tipo form-fill-seal para alimentos tipo *snack*, cigarros e confeitos. O mercado para esses dois materiais alternativos é normalmente referido como mercado Cellopp.

O filme BOPP é feito por extrusão e estiramento de um filme. Para orientar (estirar) o filme, a bolha tubular é inflada ou uma chapa extrusada é aquecida e estirada mecanicamente, por um fator de 300-400%, em equipamento próprio. O estiramento orienta preferencialmente as moléculas nas direções da máquina e transversalmente a ela, aumentando a tenacidade e resistência mecânica.

O aumento na resistência mecânica resulta em um filme muito fino que é ainda forte o suficiente para a laminação. O filme é muito forte quanto à tensão, mas tem baixa resistência ao rasgo. Isso pode ser um benefício se a característica de abertura com rasgo fácil é necessária, e então um entalhe inicial é fornecido, ou pode ser uma limitação, fazendo com que todo o conteúdo de um pacote seja perdido quando o filme é danificado.

Biorientação também melhora as propriedades do PP quanto a barreira à gordura e a sua baixa durabilidade à baixa temperatura, bem como quanto ao brilho e à transparência do material. Os filmes de BOPP são rígidos; eles cintilam e tendem a estalar de forma audível.

BOPP tem um alto brilho, alta produtividade e facilidade para ser feito em filmes muito finos, e por isso é uma das escolhas mais econômicas para embalagem para muitos produtos. Além de embrulho para cigarros e doces, o filme e laminados de PP são largamente utilizados para sacos para alimentos tipo *snack* e macarrão e como revestimento interno na barreira à umidade e gordura em sacos de papel multicamadas para biscoitos e alimentos para animais de estimação.

O seu alto ponto de fusão também significa que o BOPP não irá soldar a quente sem ajuda. O filme pode ser coberto após a produção com um material soldável a quente, tal como o acrílico, que pode, simultaneamente, fornecer uma boa barreira ao sabor e ao aroma, ou o PVdC, que é também excelente barreira ao gás. De maneira alternativa, o filme pode ser coextrudado com camadas de material com um ponto de fusão mais baixo. Uma terceira opção é o uso de um adesivo tipo *hot-melt* ou de selagem a frio.

O BOPP por si só possui uma boa barreira à umidade, mas uma barreira ruim ao oxigênio, à luz e ao aroma. Muitos desenvolvimentos em BOPP têm sido no sentido de melhorar suas propriedades de barreira e em explorar seu potencial em laminação. Outras melhorias foram no sentido de reduzir o coeficiente de fricção da superfície e sua propensão para a geração de carga estática, de maneira que materiais possam correr de forma mais macia em equipamentos automáticos de conformação, envase e selagem.

O BOPP é um material vistoso que pode aparecer em diferentes modos. Ele é disponível como um material opaco e pode ser perolizado ou metalizado. Essas formas de aplicação estão sendo cada vez mais utilizadas para confeitos especiais e alimentos tipo *snack*. Outro uso que vem se intensificando é como um substrato para rótulos, especialmente espumado, no lugar do papel.

Outros usos para o filme de PP biorientado são para fios e fita de arquear. Finas fitas feitas de PP extrudado ditas ráfia podem ser trançadas formando um tecido que é utilizado para sacos de transporte pesado. Tais sacos de ráfia são um substituto para juta ou estopa e normalmente têm um inibidor ultravioleta para protegê-los, podendo ser armazenados ao ar livre. A fita de arquear de PP é utilizada para fechar caixas ou posicionar cargas em paletes; está concorrendo com fitas de aço, poliéster, poliamida e fitas filamento.

O PP pode também ser extrudado para fazer plástico ondulado utilizado em contêineres retornáveis para transporte. A maioria dos plásticos ondulados é feita de PP, extrudado em um perfil que lembra uma estrutura de fibra de papelão ondulado, mas alguns são feitos de PE e alguns tipos são feitos por um processo similar ao do papelão ondulado, laminando-se duas folhas lisas em uma folha ondulada.

Polipropileno moldado

Polipropileno é usado para garrafas moldadas por sopro e tampas moldadas por injeção, tubos e caixas. A reputação do PP em formar uma dobradiça integral rapidamente levou o seu uso para frascos e fechos, em que a dobradiça é parte integral do desenho.

A maioria dos plásticos filamentados, dosadores, aerossol e fechos é moldada por injeção de PP, bem como o é a maioria dos tubos de paredes finas usados para iogurte e manteiga. O PP moldado é rígido o suficiente para não deformar sob carga aplicada na rosca sob torque, mas é flexível o suficiente para permitir que ajustes sejam feitos no moldado para fornecer uma boa vedação. As tampas de PP não necessitam de forração em razão da elasticidade do material. Tampas *flip-top* exploram essa propriedade de dobradiça integral. Outras embalagens de PP moldado por injeção incluem jarras de boca-larga, engradados, copos de iogurte e potes para cosméticos.

O PP pode ser utilizado para garrafas moldadas a sopro, especialmente para aplicações que envolvem produtos agressivos que causam fragilização com trincamento por tensão em outras poliolefinas. A transparência das garrafas de PP moldadas por extrusão a sopro foi uma limitação do passado, mas novos tipos venceram este problema. O processo de injeção, estiramento e sopro, desenvolvido inicialmente para o PVC e PET para a produção de garrafas e jarras, pode também ser usado para frascos de PP. O reaquecimento e o estiramento da parede grossa pré--formada têm o efeito de orientar as moléculas nas paredes laterais, garantindo que melhorem a tenacidade e transparência, do mesmo modo como é conseguido em filme de PP.

Como o material tem desempenho modesto quanto às propriedades de barreira ao gás, o seu uso em garrafas que requerem altas barreiras ao oxigênio deve ser feito adicionando-se uma camada central de um polímero com alta barreira que é coinjetado dentro da pré-forma ou por coextrusão do parison (em moldagem por extrusão a sopro) ou por revestimento da superfície.

O PP tem um alto ponto de fusão e, portanto, pode ser usado para garrafas ou bandejas onde o envase é feito a quente ou algum outro método de exposição térmica (para esterilização, por exemplo) é utilizado. Placas podem ser termoformadas em bandejas resistentes ao calor para reaquecimento em forno de micro-ondas. Entretanto, o PP é quebradiço a baixas temperaturas e deve ser misturado com outro plástico, tal como o PE, quando usado para embalagem de alimentos congelados.

7

polímeros
vinílicos

A família dos plásticos vinílicos consiste de polímeros, seja com base vinil ou vinilideno. Inclui poli(cloreto de vinila) (PVC), poli(cloreto de vinilideno) (PVdC), poli(álcool vinílico) (PVOH), copolímero de etileno e acetato de vinila (EVA), copolímero de etileno e álcool vinílico (EVOH) e poli(acetato de vinila) (PVA).

O PVC difere do polietileno, pois tem um átomo de cloro que substitui um átomo de hidrogênio. A Figura 7-1 mostra a diferença entre as unidades moleculares de repetição (mero) para polietileno e policloreto de vinila.

Figura **7-1**
Unidades de repetição (mero) de polietileno e PVC

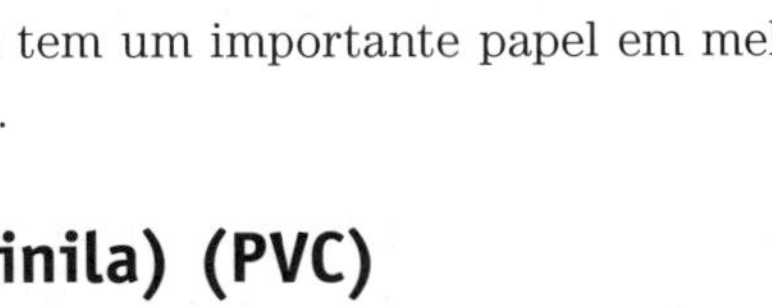

Os polímeros vinílicos mais importantes, do ponto de vista da embalagem, são o PVC e o PVdC. O PVdC também tem um importante papel em melhorar as propriedades de barreira de outros plásticos.

Poli(cloreto de vinila) (PVC)

O poli(cloreto de vinila), algumas vezes chamado simplesmente de vinil, tornou-se popular durante a Segunda Guerra Mundial quando foi usado como um substituto para a escassez de borracha natural. O PVC é o segundo maior plástico produzido em volume. É usado para fazer muitos produtos domésticos comuns, de cortinas para boxes de banheiro a cartões de crédito, a canos e materiais de construção, como pisos e canos para esgoto.

materiais para **embalagens**

O uso para embalagem é de somente 7% do total das vendas do PVC nos Estados Unidos. As embalagens utilizando PVC incluem garrafas moldadas por sopro, embalagens tipo *blister* e filmes para embalar carnes. A Tabela 7-1 mostra a distribuição do mercado para o PVC nos Estados Unidos.

Tabela **7-1**

Distribuição do mercado para o PVC nos Estados Unidos, 1997[a]

Mercado	x1.000 ton	%
Filmes	125	64,8
Garrafas	68	35,2
Total	193	100

[a]Veja nota da Tabela 6-2 (p. 65)
Fonte: Modern Plastics (janeiro 1998)

O PVC pode se apresentar na forma de um material rígido ou flexível. Ele é resistente e transparente (tem um traço da cor azul e fica amarelado com a idade) e tem boas propriedades de barreira. Além do mais, é relativamente barato; somente as poliolefinas e o poliestireno são mais baratos que ele.

O PVC é difícil para processar na sua forma pura, sendo quebradiço e instável. São necessários aditivos, incluindo plastificantes, estabilizantes térmicos, lubrificantes e modificadores de impacto. Algumas propriedades, como resistência à tração e barreira a gás e umidade, dependem da formulação.

O PVC é utilizado em embalagem de duas formas principais. Uma é a forma rígida não plastificada (UNPVC). Necessita do uso de estabilizantes antioxidantes para reduzir a degradação térmica que ocorre durante o processamento.

UNPVC é usado para embalagens rígidas transparentes, tais como placas para termoformagem, caixas transparentes e garrafas moldadas por extrusão a sopro quando há necessidade de resistência a álcool ou óleo. As garrafas de PVC são utilizadas para óleo de cozinha, produtos de limpeza, produtos químicos, de toalete e cosméticos.

É também um excelente plástico para termoformagem por causa de sua capacidade de manter uma forma durante o processo e sua alta resistência ao impacto e transparência. Uma das suas aplicações mais importantes é embalagem *blister* para remédios.

Outras áreas de utilização que estão crescendo são: bandejas para embalagens com atmosferas modificadas, contêineres de alimentos (especialmente para alimentos de conveniência, como saladas prontas, sanduíches e carnes cozidas) e caixa transparente. O crescimento do mercado mundial para água mineral natural, a maioria no momento embalada em garrafas de PVC, tem também sido um mercado em crescimento para o UNPVC, mas há um movimento de substituição por PET, explicável pelo pobre apelo ambiental do PVC e pela queda dos custos do PET.

O PVC plastificado, por outro lado, é uma material macio, maleável, que contém uma grande quantidade de um líquido plastificante, normalmente um éster ftálico.

capítulo **7** – polímeros vinílicos

Os filmes de PVC menos plastificados são utilizados para uma variedade de aplicações de embrulho de produtos para consumidores, como brinquedos. A orientação de filme melhorará a resistência e ele é termoencolhível. O filme de PVC é também usado para embalagem de produtos médicos e é apropriado para esterilização por irradiação. É largamente usado para fitas encolhíveis e rótulos do tipo camisa encolhível.

É também uma boa barreira a umidade, gases e odores, mas a presença de plastificantes reduz essas propriedades. Alguns plastificantes são tóxicos e não devem ser usados com produtos alimentícios. A resistência ao impacto é pobre, especialmente a baixas temperaturas. Ele não deve ser sobreaquecido, pois degrada, podendo expelir ácido clorídrico, que é corrosivo.

Resinas plastificadas de PVC têm sido, nos últimos anos, um assunto de preocupação para os cientistas de segurança de alimentos desde que foi descoberto que resíduos do monômero de cloreto de vinila (VCM) migraram do PVC para dentro dos produtos alimentícios embalados. O VCM é um carcinogênico sob algumas condições. Em 1970, o governo dos Estados Unidos baniu o uso de PVC para garrafas de licores quando foi descoberto um câncer raro em pessoas que trabalham com o PVC. O câncer foi creditado ao monômero cloreto de vinila, que poderia ter sido liberado durante o processo térmico.

Entretanto, a melhora nas técnicas de manufatura reduziu o nível residual do VCM no PVC de hoje para quantidades desprezíveis (abaixo de 10 ppb). Desde os anos 1980 os produtores de PVC têm modificado os tipos e a quantidade de plastificantes e agora também estão utilizando plastificantes poliméricos que têm menor tendência à migração.

Embora o PVC seja um plástico amplamente utilizado, não tem sido largamente reciclado, pois a maioria do seu uso é para bens duráveis. O descarte do PVC, especialmente por incineração, tem sido um ponto de preocupação ambiental.

Ambos, o PVC e o PVdC (discutidos na próxima seção), contêm cloro, o que levou a uma discussão prolongada sobre sua aceitabilidade ambiental para incineração. Vários países europeus baniram o seu uso. Existe receio de que a presença do cloro durante a incineração do lixo possa gerar gás clorídrico. O cloro também pode, durante incineração, combinar com hidrocarbonetos voláteis para produzir traços de dioxina, que aumenta o impacto da chuva ácida e causa riscos à saúde. A produção de dioxina durante o descoramento do papel tem também sido motivo de preocupação, como descrito anteriormente no Capítulo 2.

A crítica é discutível. Os defensores do PVC salientam que, na prática, somente uma pequena proporção do lixo doméstico é incinerada e, quando o é, existem outras fontes de cloro, incluindo o sal para alimentos e produtos químicos que são naturalmente presentes em alguns vegetais, como repolhos. Os incineradores modernos podem incorporar depuradores de gás que removem a maioria da dioxina formada. No Japão, existem incineradores que especificamente previnem a emissão de tais compósitos. Muitas das críticas não resistem às análises dos cientistas, e colocou-se a culpa na capacidade dos cientistas de detectar quantidades extremamente baixas, insignificantes, muito menores do que as quantidades presentes em muitos alimentos naturais.

Entretanto, as críticas têm tido efeito no mercado de PVC e PVdC, e em muitas aplicações eles têm sido substituídos por PET e por outros plásticos, como poliestireno e polipropileno orientado, com o princípio de que são "ambientalmente mais amigáveis".

Poli(cloreto de vinilideno) (PVdC)

O poli(cloreto de vinilideno) é um copolímero de cloreto de vinilideno e cloreto de vinila. O PVdC foi desenvolvido pela Dow Chemical nos anos 1930, referenciado pela marca registrada da empresa, Saran. A maioria do PVdC é utilizada para aplicações de embalagens de alimentos.

O PVdC é o melhor dos plásticos disponíveis quanto à barreira ao gás. É também uma barreira à umidade e, para a maioria dos sabores e aroma, tem boa resistência química e é soldável a quente.

Ele pode ser calandrado ou soprado em filme. PVdC tem sido extensivamente utilizado na forma de embalagens termoencolhíveis em água quente para aves, comercializado pela WR Grace como o sistema Cryovac. Outros polímeros de menor custo estão agora sendo cada vez mais utilizados por este motivo.

O filme PVdC de monocamada é altamente transparente (com um toque amarelado). É macio, forte e adere a ele mesmo. Já vem sendo utilizado para embalagem doméstica e para sacos para alimentos desde há muito tempo, mas é um material caro para esse uso comparado com os filmes de PELBD.

O PVdC é usado como componente de barreira em vários materiais coextrudados, de filmes a placas termoformadas. O processo de coextrusão coloca entre duas camadas de outros materiais uma camada fina de PVdC, suficiente para fornecer uma excelente barreira. Utilizando-o desta forma, faz sentido seu uso de maneira econômica, já que ele é muito caro. Outro benefício da extrusão da forma sanduíche é que o PVdC não deve entrar em contato direto com as superfícies metálicas da matriz de extrusão, onde poderia causar problemas de corrosão.

Filmes multicamadas, normalmente coextrudados com poliolefinas, são usados para embalar carne, queijo e outros alimentos sensíveis à umidade ou ao gás. A capacidade de resistir ao rigoroso envase a quente e recozimento após embalagem faz com que as laminações de PVdC sejam apropriadas para uso em embalagens comerciais esterilizadas.

O PVdC tem sido usado por muitos anos como revestimento sobre todas as formas de embalagem. Ele pode ser revestido como uma dispersão aquosa ou aplicado por solvente orgânico. Ambos os métodos são usados especialmente para o revestimento de celofane e para o filme de polipropileno biorientado (BOPP). Papel e papelão podem ser revestidos com PVdC quando são necessárias resistências à umidade, gordura, barreira ao oxigênio e ao vapor de água.

PVdC tem sido aplicado na parte externa de garrafas plásticas, especialmente em PET e PVC, para aumentar suas propriedades de barreira ao gás e fazê-las apropriadas para líquidos sensíveis ao oxigênio, tal como cerveja, mas ocorrem problemas técnicos e não tem sido comercializado com sucesso. Tal revestimento é normalmente feito por imersão, embora o revestimento por spray e técnicas de aplicação tenha sido feito também.

Embora o PVdC tenha sido o primeiro polímero com especialidade de barreira, tendo agora vários concorrentes, ele manteve essa posição pioneira até a metade dos anos 1980, especialmente (e ao contrário de alguns polímeros concorrentes) porque fornece uma excelente barreira ao vapor de água e ao oxigênio.

capítulo **7** – polímeros vinílicos

77

O PVdC tem sido objeto de algumas críticas também feitas ao PVC. Desde 1980, a contínua pressão com base no meio ambiente tem levado a uma perda de mercado em favor de alternativas, como o EVOH e acrílicos.

Poli(álcool vinílico) (PVOH), copolímero de etileno e álcool vinílico (EVOH) e copolímero de etileno e acetato de vinila (EVA)

O poli(álcool vinílico) é o filme solúvel em água mais comumente usado. É utilizado para embalar produtos secos, tais como detergentes e produtos químicos para agricultura, os quais são dispersos com adição de água diretamente na forma embalada. Leva cerca de alguns minutos para dissolver em água. Quando usado com detergentes em pó, o filme melhora o detergente, suspendendo a sujeira em solução.

O PVOH é uma boa barreira ao gás e resiste à maioria dos produtos químicos. É estável a condições de umidade moderada, mas não às altas, e é selável a quente.

Suas aplicações incluem sacos de lixo utilizados em lavanderias de hospital para reduzir a possibilidade de infecção. Outra aplicação especial em embalagem inclui pacotes de doses únicas para materiais perigosos, como venenos em pó ou agrotóxicos.

O copolímero de etileno e álcool vinílico (EVOH) foi desenvolvido para superar a sensibilidade do PVOH à umidade que é alta. A sensibilidade à umidade depende da proporção de etileno e álcool vinílico no copolímero: quanto mais alta a porcentagem de etileno, melhor a resistência à água, mas pior a barreira, procurando-se um nível intermediário de compromisso.

EVOH é o mais conhecido quanto à barreira aos gases, tais como o oxigênio, o dióxido de carbono e o nitrogênio. O EVOH é, portanto, a escolha certa para aplicações de embalagem para muitos alimentos, capaz de manter uma atmosfera modificada, bem como prevenir oxidação. É altamente resistente a hidrocarbonetos e solventes orgânicos. Isso faz que com que seja uma boa escolha de embalagem para alimentos oleosos, óleos comestíveis, pesticidas e solventes orgânicos. É também uma boa barreira ao aroma.

As resinas de EVOH foram primeiro comercializadas no Japão no início dos anos 1970 e se tornaram mais largamente utilizadas na metade dos anos 1980 quando os produtores de alimentos nos Estados Unidos começaram a usar a resina para garrafas deformáveis de plástico.

O principal uso do EVOH é para embalagem de alimento. Na maioria dos casos, ele serve como uma camada de barreira ao oxigênio em filmes coextrudados ou laminados. A maior aplicação em volume do EVOH é em filmes flexíveis usados para embalagens processadas e carnes frescas, café, condimentos e *snacks*. Dependendo da estrutura, embalagens com base EVOH podem ser envasadas a quente e recozidas, embora possa haver redução no desempenho da barreira ao oxigênio. EVOH é moldado por coextrusão e sopro em garrafas para ketchup, molhos, temperos para saladas e sucos. É também usado com PEBD para produzir tubos para pasta de dente, cosméticos e produtos farmacêuticos. As placas coextrudadas podem ser termoformadas. Na Tabela 7-2 são mostradas estruturas multicamadas típicas de EVOH e suas aplicações.

Tabela **7-2**

Estruturas e aplicações de EVOH

78

Processo de fabricação	Aplicação	Estrutura[a]
Coextrusão de filmes	Carnes processadas, queijos naturais, *snacks*, produtos para padaria	PP/náilon/EVOH/náilon/PELBD Náilon/náilon/EVOH/náilon/Surlyn Náilon/EVOH/Surlyn PET/PEBD/EVOH/Surlyn
Coextrusão a sopro	Carnes processadas, *bag-in-box*, carnes vermelhas, *pouches*	Náilon/PELBD/EVOH/PELBD PELBD/EVOH/PELBD PELBD/EVOH/PELBD/Surlyn Náilon/EVOH/PELBD
Laminação	Café, condimentos, *snacks*, *lidstock*	OPET/EVOH/PEBD/PELBD OPET/EVOH/OPET/PP
Coextrusão e revestimento	Suco, produtos para padaria e lavanderia	PEBD/papelão/PEBD/EVOH PEBD/PEBD/papelão PEBD/EVOH/PEBD/EVOH BOPP/PEBD/EVOH/PEBD/EVA
Termoformagem	Vegetais, sucos de fruta, entradas, pudins	PP/recuperado/EVOH/recuperado/PP PS/EVOH/PEBD
Coextrusão e sopro	Ketchup, molhos, óleo de cozinha, molhos para saladas, sucos, produtos químicos para agricultura	PP/recuperado/ EVOH/PP PEAD/recuperado/EVOH/PEAD PEAD/recuperado/EVOH PET/EVOH PET/EVOH/PET
Coextrusão de perfis	Cosméticos, pasta de dente, condimentos, produtos farmacêuticos	PEBD/EVOH/ PEBD PEBD-PELBD/EVOH/PEBD-PELBD

[a]As camadas de adesivo foram omitidas por simplicidade

Fonte: Foster, R. "Ethylene-vinyl alcohol copolymers (EVOH)". *The Wiley Encyclopedia of Packaging Technology* (1997), p. 359

materiais para **embalagens**

capítulo **7** – polímeros vinílicos

79

Como os filmes de EVOH são ainda, até certo ponto, sensíveis à umidade, são normalmente protegidos por filmes de poliolefinas ou outra boa barreira ao vapor de água, tal como o náilon. Filmes grossos incluem camadas externas de poliestireno, policloreto de vinila ou poliéster. Camadas de adesivo são necessárias para todos os plásticos, com exceção do náilon. Para melhorar ainda mais a resistência à umidade, necessária em embalagem para recozimento de alimentos, pode ser incorporado um dessecante (para absorver umidade na camada adesiva).

O EVOH é também um revestimento de alta barreira muito popular para proteção contra gases, óleos, odores e solventes orgânicos. E aplicável para spray, em técnicas de imersão ou calandragem. É utilizado como revestimento em papelão – em substituição à barreira laminada de alumínio – para sucos, produtos de padaria e de lavanderia.

O copolímero de etileno e acetato de vinila (EVA), sintetizado a partir do acetato de vinila e do etileno, tem propriedades similares ao PEBD. O EVA é normalmente misturado com PEBD para melhorar o estiramento, a soldabilidade a quente e pega. É utilizado mais nos Estados Unidos do que na Europa. As propriedades do EVA dependem da concentração de acetato de vinila na composição. Essas proporções normalmente variam de cerca de 5% até 50%. Com 20% de vinil, o material é como o PVC plastificado, macio e aderente, sendo usado para filme estirado ou como uma camada soldada a quente na coextrusão. Um conteúdo de 8% produz um material como o PEBD, mas com melhor resistência, elasticidade e resistência na solda a quente. Quando utilizado em baixa quantidade (abaixo de 5%) em polietileno, ele se comporta principalmente como um aditivo para ajudar a melhorar o desempenho no processo e a soldagem a quente.

O EVA é coextrudado com outros materiais para melhorar a resistência ao *stress-cracking* e a soldabilidade a quente. Pode ser laminado por extrusão para metalizar filmes de poliéster usados na confecção de embalagens *bag-in-box* para líquidos. Cortes de carnes nobres são embalados a vácuo em filmes coextrudados de EVA e PVdC.

Copolímeros EVA são componentes importantes de adesivos para rótulos com adesão a quente (*hot-melt*). O poliacetato de vinila (PVA) é também um adesivo vinílico comumente usado para papel. Esses adesivos serão discutidos no Capítulo 14.

8

plásticos
estirênicos

O poliestireno é o plástico estirênico mais comum usado para embalagem, mas existem muitos outros copolímeros com base estireno, incluindo o copolímero de acrilonitrila--butadieno-estireno (ABS), o copolímero de estireno-acrilonitrila (SAN) e o copolímero de estireno-butadieno (SB). O estireno pode ser copolimerizado com outros monômeros para se obter uma grande variedade de propriedades.

O monômero estireno é diferente dos outros tipos de olefinas, pois ele tem base em uma molécula aromática (uma molécula contendo o anel benzênico em sua estrutura). Devido ao tamanho do anel aromático, o estireno forma cadeias que têm dificuldade de se mover, produzindo um material rígido e quebradiço. Estirenos não se cristalizam e são altamente transparentes.

Poliestireno (PS)

A resina de poliestireno é uma das mais versáteis, de fácil fabricação e são plásticos rentáveis. Pode ser moldada, extrudada e expandida. É largamente utilizada para fazer objetos robustos, mas também produtos descartáveis para cozinha, caixas para joias, bandejas para alimentos, tampas e acolchoamento. A Tabela 8-1 mostra uma análise do mercado americano para o PS.

Em alguns países onde a economia ou a legislação é favorável, embalagem em PS especialmente de PS expandido é reciclada. Quando incinerado, o PS, como o PVC, causa emissões de gases inaceitáveis, e equipamento especial para controle de emissão de poluição se faz necessário.

Dois tipos de poliestireno são disponíveis: o de finalidade geral e o de alto impacto.

Poliestireno para finalidades gerais

O poliestireno para finalidades gerais é um polímero brilhante, altamente transparente, não cristalino (apesar de ser usado o nome poliestireno cristal, que se refere à sua transparência e dureza em vez de sua estrutura). Sua superfície é lisa e lustrosa. Sua densidade é de 1,05 g/cm^3 e amolece a cerca de 95 °C.

Tabela 8-1

Mercado de embalagens de PS nos Estados Unidos, 1997[a]

Mercados	1.000 ton	%
Moldagem (somente PS sólido)		
Tampas	56	5,6
Embalagem rígida	54	5,4
Caixas	16	1,6
Extrusão (somente PS sólido)		
Filme biorientado e chapa	167	16,6
Contêineres para laticínios	89	8,8
Copos descartáveis	152	15,1
Tampas	80	7,9
Extrusão (PS espuma)		
Bandejas para alimentos	110	10,9
Cartelas para ovos	30	3,0
Contêineres com dobradiças de uso único	55	5,5
Esferas expandidas (EPS)		
Formas para empacotamento	62	6,2
Copos e contêineres	91	9,0
Preenchimento de caixas	44	4,4
Total	**1.006**	**100,1**

[a]Veja nota da Tabela 6-2 (p. 65)

Fonte: Modern Plastics (janeiro 1998)

O PS de finalidades gerais é quebradiço, o que tem restringido seu uso em embalagem, principalmente para contêineres grossos, claros, moldados por injeção como caixas de "joias" usadas para produtos domésticos, fitas de áudio e CDs, brinquedos, cosméticos e (como o nome implica) joias.

É pobre em barreira ao gás e ao vapor de água, com baixa resistência à solda a quente. As garrafas moldadas por sopro são usadas para pó de talco. Algumas aplicações que não a embalagem incluem itens médicos descartáveis, talheres e copos para bebidas.

A maioria da pesquisa tem sido centrada na melhoria do desempenho físico para reduzir sua fragilidade. A tecnologia com catalisadores metalocênicos pode no futuro ter um papel no sentido de aumentar de sua resistência e diminuir a fragilidade.

O PS de finalidades gerais pode ser extrudado em um filme claro, mas este também tende a ser quebradiço (tem uma característica de som metálico quando manuseado) e é utilizado

capítulo **8** – plásticos estirênicos

83

somente em pequenas aplicações em embalagem. Exemplos são pacotes para flores e certos produtos frescos, como alface, em que a alta permeabilidade do filme ajuda a restringir a degradação do produto através do controle de perda de umidade.

Dois tipos de PS expandido são feitos de tipo de uso geral. Espumação reduz a fragilidade do PS e capitaliza na sua rigidez. O PS expandido é a espuma para embalagem mais utilizada, usada para acolchoamento, isolação e preenchimento de vazios. Nos últimos anos, o número de concorrentes tem aumentado para essas aplicações como, por exemplo, filme-bolha (*blister*) de polietileno, polpa moldada e preenchimento com pequenos sacos de ar.

Agentes de expansão, que se expandem quando aquecidos, são facilmente incorporados no PS. Quando aquecido, o gás expansor gera uma estrutura celular ao PS. Os agentes expansores originais de fluorocarbonos, que foram de maneira polêmica ligados à destruição da camada de ozônio da Terra, têm sido substituídos por hidrocarbonetos.

Espuma de poliestireno extrudado é feita na forma de uma chapa que pode então ser facilmente termoformada. Esse material tem bom acolchoamento e propriedades isoladoras e é empregado em bandejas de carne e vegetais, cartelas para ovo, contêineres de *fast-food* e como material adesivo de proteção para garrafas de vidro.

A espuma de poliestireno expandido (EPS) é moldada de pérolas pré-expandidas. EPS é um dos materiais de acolchoamento mais comuns utilizados para proteção de produtos frágeis, como utensílios e eletrônicos. É moldada em caixas isolantes para peixe fresco. É também moldada em pequenos formatos para ser utilizada como material de fixação do conteúdo, incluindo conteúdo com peças soltas, para preencher vazios em embalagem e dar proteção a cantos e perfis.

O filme de poliestireno biaxial orientado é também menos quebradiço que o PS de finalidades gerais. É uma placa limpa, com brilho, que pode ser termoformada em itens claros e rijos como embalagem *blister* e bandejas para confeitos, saladas, biscoitos e condimentos. Ele compete com PVC e PET e, embora seja mais caro, tem um rendimento maior, devido à sua baixa densidade.

O PS orientado tem uma variação de temperatura de termoformagem estreita (110-125 °C), mais estreita do que a temperatura que o PVC pode tolerar. Pressões mecânicas altas são usadas em operações de termoformagem para minimizar sua tendência ao encolhimento quando perto do ponto de amolecimento. A resistência ao calor do PS é um fator restritivo e esforços continuam no sentido de torná-lo mais resistente ao aquecimento, objetivando o mercado de refeições em forno de micro-ondas.

Poliestireno de alto impacto (PSAI)

Poliestireno de alto impacto (PSAI) tem uma pequena quantidade de borracha de polibutadieno ou butadieno-estireno misturada a ele para reduzir a fragilidade do PS de uso geral. O material é mais resistente, mas menos claro, normalmente translúcido ou opaco.

O PSAI termoformado é utilizado em embalagens de alimentos, mas deve ser processado com cuidado para evitar problemas de contaminação. Algumas aplicações incluem copos e tubos para produtos refrigeradores de leite, copos de uma única utilização, tampas, pratos

materiais para **embalagens**

e bacias. É utilizado também em extrusões multicamadas que podem ser termoformadas para fazer contêineres para embalagens assépticas de alimentos.

Um recente desenvolvimento é a adição de polioxifenileno (PPO) ao PSAI, o que melhora a resistência mecânica, ao calor e a tenacidade. Embalagens de PS/PPO podem ser levadas ao forno de micro-ondas.

▪ Copolímeros estirênicos – ABS, SAN e SBC

Copolímeros de estireno robustos são disponíveis para aplicações de embalagem. Um é o ABS (acrilonitrila-butadieno-estireno), um material robusto termoformável. É um copolímero de estireno e acrilonitrila com o polibutadieno finamente disperso e preso dentro de matriz de SAN.

Variando-se as proporções dos três componentes, pode ser obtida uma grande variedade de propriedades. Polímeros ABS podem ter boa resistência química, são tenazes e duros, resistentes ao risco e manchamento e têm muito boa resistência à tração, à flexão e ao impacto. ABS pode ser translúcido ou opaco, e a resina de base tem uma cor levemente amarelada.

O ABS é facilmente termoformado e moldado. As áreas de maior utilização são para bens duráveis, como painéis de porta do refrigerador e partes de automóveis. Sua alta resistência ao impacto o faz muito útil para caixas e bandejas, especialmente as de tamanho grande, pois ele tem uma baixa tendência ao empenamento.

Existem categorias que são usadas para embalagem, principalmente tubos termoformados para margarina ou bandejas e embalagem para cosméticos. Entretanto, comparado com materiais de embalagens concorrentes, o custo do ABS é alto para tais aplicações de embalagem para o consumidor.

O copolímero de estireno-acrilonitrila (SAN) é outro material que pode ter aplicações em embalagem, a maior das quais é um componente na manufatura das resinas ABS.

O SAN é claro, rígido, com brilho e é oferecido como uma alternativa ao ABS, PVC e PS para embalagem de cosméticos – garrafas, tampas, tampas e bicos de sprays – onde transparência é uma característica importante. Suas características são determinadas pela concentração de acrilonitrila (frequentemente 25%). Não é particularmente bom quanto à barreira ao gás, mas isso pode ser melhorado com aumento da concentração de acrilonitrila.

O copolímero de estireno-butadieno (SBC) é um material razoavelmente tenaz, transparente e com baixa densidade. É mais caro que as poliolefinas, porém mais barato que poliestireno quando concorre por aplicações similares. Desvantagens incluem uma permeabilidade relativamente alta a umidades e gases e uma tendência à fragilização ambiental (*stress cracking*) na presença de gorduras e óleos.

O SBC é normalmente misturado com outras resinas compatíveis, como o PS e o PP, para melhorar seus desempenhos, contribuindo para a rigidez, dureza, tenacidade, resistência mecânica e boas propriedades óticas. Misturas de PS/SBC são usadas em embalagem de alimentos de uso único, garrafas, pacotes, *blister*, tampas e filme. Ele também pode ser misturado com PS para formar PSAI (veja acima).

capítulo **8** – plásticos estirênicos

O SBC pode ser convertido por todas as modalidades de processo em contêineres, placas, filme e assim por diante. Ele pode ser feito em garrafas, filme e contêineres termoformados para produtos alimentícios e médicos. É largamente utilizado em embalagens médicas, pois pode ser esterilizado por irradiação gama e óxido etileno.

O filme de SBC soprado é altamente permeável e é usado para embalar vegetais frescos. Contêineres moldados por injeção podem ter uma dobradiça flexível, similarmente àqueles feitos de PP. É mais conhecido pela marca registrada resina K e é mais largamente usado nos Estados Unidos do que na Europa.

9

poliésteres

Os poliésteres são o grupo dos plásticos de maior crescimento usados em embalagem principalmente devido ao seu amplo uso em grandes garrafas para bebidas não alcoólicas carbonatadas.

O termo poliéster cobre uma grande família de materiais. Ele foi primeiro utilizado para fibras têxteis. Roupas, carpetes e garrafas para bebidas não alcoólicas são todos feitos de PET. Cascos de barcos e varas de pescar são feitos de poliéster insaturado reforçado com fibra de vidro, um termofixo vulgarmente conhecido por fibra de vidro. Os poliésteres são o produto da reação entre um diácido orgânico e um glicol e é o tipo de termoplásticos que tem interesse para embalagem.

Poli(etileno tereftalato) (PET)

O principal poliéster é o poli(etileno tereftalato), abreviado por PET. Ele é inerte, tem alta transparência, é forte, tenaz e na forma moldada é rígido.

É relativamente bom quanto à barreira a gás e tolera, de maneira moderada, altas temperaturas. Essas propriedades podem ser melhoradas por orientação, revestimento ou copolimerização. Já foi no passado um dos plásticos mais caros, mas hoje, devido ao seu grande consumo, vem se tornando muito competitivo, sendo usado quando são necessárias propriedades superiores. Não há restrição sobre seu uso para contato com alimentos e a maioria de suas aplicações é para embalagens de alimentos.

É utilizado para contêineres rígidos como garrafas, bandejas, *blisters* e potes, bem como para filmes de alto desempenho. As principais aplicações são mostradas na Tabela 9-1.

Garrafas PET

Seu maior uso está em garrafas utilizadas para bebidas não alcoólicas e água. O PET substituiu o PVC em um grande número de aplicações por razões ambientais e quando a transparência é a principal preocupação. O uso de garrafas de PET rígido cresceu nos anos

88

materiais para **embalagens**

Tabela **9-1**

Mercado americano para embalagens de PET, 1997[a]

Mercados	x1.000 ton	%
Garrafas para bebidas não alcoólicas	830	54,6
Garrafas moldadas sob medida	600	39,4
Chapas termoformadas transparentes	59	3,9
Bandejas de CPET	25	1,6
Placas revestidas	8	0,5
Total	**1.522**	**100,0**

[a] Veja nota da Tabela 6-2 (p. 65)
Fonte: Modern Plastics (janeiro 1998)

1970 como resultado de uma estratégia da Coca-Cola de aumentar as vendas de refrigerantes. Eram necessários contêineres maiores, mas problemas com o peso e a segurança de grandes garrafas de vidro estimularam a pesquisa para materiais alternativos. Uma garrafa de PET de 2 litros cheia pesa 24% menos que um similar em vidro.

Naquela época, o excelente desempenho físico dos poliésteres era bem conhecido; por outro lado, suas propriedades de barreira são modestas. De qualquer forma, o material foi aceito para bebidas que normalmente apresentam uma vida curta de prateleira. Seu desempenho foi posteriormente melhorado pelo efeito da introdução da orientação biaxial, efeito este da tecnologia de sopro com estiramento, para substituir as garrafas plásticas que vinham sendo produzidas com PVC. Além do mais, a disponibilidade do material foi aumentada por causa da diminuição de sua demanda para aplicação na indústria têxtil.

Como as garrafas para bebidas não alcoólicas têm que aguentar altas pressões internas (acima de 4 atmosferas ou 60 lb/in^2), não é possível que as garrafas tenham bases chatas, pois elas têm a tendência de deformar inchando para fora. Portanto, a primeira geração de garrafas PET para refrigerantes tinha bases hemisféricas e, para poderem ficar em pé, foi-lhes adicionado um suporte na base da garrafa. Desenvolvimentos posteriores definiram o desenho atual, que consta de uma base com cinco pés que aguenta a pressão interna, ao mesmo tempo em que fornece uma base estável.

A perda de dióxido de carbono através das paredes da garrafa ocorre, mas a uma taxa baixa o suficiente para ser considerada aceitável pelos varejistas e produtores. Tentativas para reduzir a perda de dióxido de carbono pelo revestimento da superfície externa com o copolímero barreira de PVdC deram resultados mistos; pequenas quantidades de dióxido de carbono que permearam através do PET ficaram bloqueadas pela camada de barreira, o que gerou sua concentração na forma de pequenas bolhas na superfície. Embora melhores técnicas de revestimento possam eliminar este problema, percebeu-se que não havia necessidade de tal revestimento, pois é amplamente aceito que o nível de carbonatação de refrigerantes pode cair até 15% de seu nível inicial em um período de 90 dias, bem dentro do tempo de vida de prateleira do produto envasado no PET.

Embalagens de PET foram primeiro confeccionadas em tamanhos grandes (1-2 litros), pois esse tamanho era mais econômico e eficiente. Garrafas menores levaram muito tempo para

capítulo **9** – poliésteres

89

serem adotadas, já que a barreira ao dióxido de carbono é uma função da área superficial pelo volume. As garrafas pequenas têm uma maior relação e, portanto, uma maior taxa de perda de dióxido de carbono; dessa forma, o revestimento se torna necessário. Atualmente, garrafas tão pequenas quanto as de 250 ml são feitas de PET com economia e bom desempenho.

Vinhos, água mineral (natural e com gás) e artigos de banheiro são vendidos em garrafas de PET. Um aspecto que inicialmente limitou o uso do PET para águas minerais puras, sensíveis à contaminação, foi a inevitável presença de traços de acetaldeído nas paredes da garrafa. O efeito organoléptico desagradável (gosto ruim) dessa contaminação se torna maior pela presença do dióxido de carbono. Esse problema foi eliminado pela melhoria das técnicas atuais de síntese que retiram a quantidade residual no estágio do processo de sopro com estiramento a quente, reduzindo sua concentração a níveis não detectáveis pelo ser humano. Assim, hoje, até água mineral com gás é embalada em PET, com um bom desempenho.

As garrafas PET são usadas para bebidas alcoólicas, desde minigarrafas de 50 ml de licor para consumo em avião a embalagens de 30 litros para festas. Garrafas para óleos comestíveis estão cada vez mais sendo feitas de PET, substituindo as originalmente produzidas em PVC. Elas resistem a ácidos fracos, bases e à maioria dos solventes.

PET é também usado em alguns países para garrafas de cerveja, mas esta aplicação exige que se restrinja a entrada de oxigênio, além de simplesmente evitar a perda de dióxido de carbono. O oxigênio faz com que a cerveja fique "choca". Para reduzir isso a um grau aceitável, a resina barreira de PVdC é aplicada na forma de um revestimento externo. Alternativamente, a técnica de coextrusão é utilizada para incorporar um componente de barreira tal como o EVOH ou o náilon amorfo[7] MXD-6. A coextrusão é a técnica de maior sucesso, mas é mais cara. Desde a metade dos anos 1990, o uso de blendas PET/PEN ou até mesmo PEN puro (polietileno naftalenato) foi proposto para a confecção de garrafas de cerveja, já que elas podem ser projetadas para serem retornáveis, o que justificaria seu alto custo.

Potes de PET com boca larga são utilizadas para alimentos especialmente para produtos secos e aqueles que não são envasados a quente. Algumas garrafas de alta qualidade com paredes grossas e potes feitos de PET são usadas no Japão para cosméticos e artigos de banheiro. É possível conseguir muitos efeitos diferentes, tais como cores variadas, paredes facetadas para permitir um efeito de prisma, acabamento perolado ou fosco. Essas embalagens de luxo são muito caras e não encontraram mercado na mesma escala fora do Japão.

Uma garrafa PET normal moldada por estiramento não pode ser envasada com produtos quentes. Envase a temperaturas acima de 60 °C provoca sua deformação ou encolhimento, pois o estiramento feito no segundo estágio do processo de formação da garrafa deixa-a com uma grande memória que relaxa a quente com retração. A área mais crítica é o gargalo, pois ele deve permitir que a tampa encaixe de forma precisa.

Vários métodos são utilizados para melhorar a estabilidade ao calor. A maioria deles envolve o aumento da cristalinidade do material. Um método de moldagem em dois estágios aquece e encolhe a garrafa moldada e então ela é soprada em um segundo molde. Alternativamente, a garrafa pode ser segura no molde por um tempo suficientemente longo para reduzir os níveis de tensão interna. Existem também métodos para estabilizar de forma seletiva a área crítica do gargalo. Um deles é sujeitar a zona do gargalo a um outro tratamento térmico que aumenta a cristalização do polímero (CPET). Também se pode usar um polímero com alto ponto de fusão (como policarbonato ou poliacrilato) para a confecção do gargalo ou, ainda, sua grossura pode ser aumentada. Têm sido desenvolvidos PET com maiores tolerâncias a temperaturas mais altas e hoje é possível o envase a temperaturas da ordem de 85 °C.

O perfil da garrafa também pode ser modificado para permitir o envase a altas temperaturas como demonstrado nas embalagens de potes de geleias e conservas que são envasados a quente usando PET de uso geral. Apesar de a temperatura do produto ser mais alta do que seria tolerável, a massa do pote que está fria em proporção ao peso da geleia resfria, de forma suficiente, o produto durante o envase.

Além dos problemas de resistência ao aquecimento, garrafas de PET envasadas a quente são suscetíveis ao colapso por vácuo quando o produto resfria. Para reduzir o efeito da distorção, garrafas de PET envasadas a quente são moldadas a vácuo, desenhadas para distribuir a distorção de forma uniforme ao redor da garrafa.

As garrafas feitas de PET são as mais recicladas de todos os contêineres plásticos. Nos Estados Unidos, acima de 30% das garrafas PET são recicladas principalmente devido ao sistema de depósito para o recipiente. O aproveitamento deste PET recuperado tem grande demanda para aplicações em fibras de enchimento, tecidos, tapete, termoformados, contêineres não alimentícios e fitas. O PET pode também ser despolimerizado (por exemplo, via metanólise) para reverter o polímero aos seus materiais iniciais, que podem, então, ser repolimerizados. Testes de mercado com embalagens de PET com tampo de metal não obtiveram sucesso nos Estados Unidos e em muitos outros países, em grande parte devido a pressões ambientais que favorecem embalagens constituídas de um único material para facilitar a reciclagem. Essa embalagem se mantém em uso limitado na Europa.

Filmes de PET

Filme de PET orientado biaxialmente é um filme fino de alto desempenho. Ele foi desenvolvido originalmente para a produção de fitas de gravação e seu uso principal é na produção de filmes finos, tipicamente na faixa de 12 mícrons (μm).

O filme PET tem excelente resistência à tração, é dimensionalmente estável, transparente e rígido. Faz uma boa barreira ao aroma, mas suas propriedades de barreira à umidade e ao oxigênio são apenas moderadas.

Não é soldável a quente, mas pode ser revestido ou selado com solvente. Tem propriedades térmicas excelentes, fazendo dele uma boa escolha para alimentos que são envasados a quente ou cozidos na própria embalagem. Ele tolera temperaturas variando de –70 °C a 150 °C por várias horas e podendo até suportar temperaturas mais altas se forem aplicadas por um curto tempo.

O filme PET é normalmente revestido com PE para permitir a solda, ou PVdC, que melhora suas propriedades de barreira à umidade. Tais materiais são utilizados na produção de embalagens que permitem que o produto nelas envasado seja aferventado ou cozido, por exemplo, embalagens para carnes processadas, tal como salsichas, e como filme para fechar bandejas que podem ser aquecidas no forno de micro-ondas ou em forno convencional. Por ser mais grosso, o filme PET, que é impresso pelo lado de dentro, é comumente utilizado como camada externa de *stand-up pouches* de multicamadas para fornecer estabilidade térmica durante a soldagem.

Além de fornecer alta resistência a estruturas multicamadas, o filme PET é um substrato ideal para o processo de metalização a vácuo. Quando revestido com uma camada finíssima de alumínio (centésimos de mícron), vaporizada sob alto vácuo, a barreira ao oxigênio melhora por um fator de 100-1.000, dependendo da qualidade da metalização e da grossura do metal depositado. Metalização também produz uma superfície brilhante e decorativa.

O PET metalizado é usado em embalagens de pacotes de café, sacos para produtos líquidos que vão dentro de caixas de papelão, e sacos para alimentos tipo *snack*, como batata frita, que requerem uma barreira fina, mas excelente, ao oxigênio. Eles são, portanto, particularmente suscetíveis ao ranço por oxidação. Esse mecanismo é acelerado pela luz, e nesse caso a opacidade fornecida pela metalização é um segundo benefício muito importante. O material mais comum para a confecção destes sacos plásticos que vão dentro de caixas de papelão é um laminado com três camadas de EVA/PET metalizado/EVA. Outro uso para PET metalizado a vácuo é para filmes usados em embalagens que podem ser levadas ao micro-ondas para dar crocância ao alimento. O processo de metalização será discutido em mais detalhes no Capítulo 13.

O filme PET é de fácil impressão. É usado como material para rótulos, incluindo rótulos metalizados. É também usado como substrato para holograma, inicialmente como material para cartões de crédito com etiquetas holográficas de segurança.

O filme PET é também usado em estruturas *retort pouch* (embalagem flexível e esterilizável, constituída por camadas de laminados, capaz de acondicionar produtos alimentícios que necessitam de esterilização para garantir uma vida de prateleira similar aos produtos enlatados de alto desempenho) em combinação com folha de alumínio e PEAD ou PP. *Retort pouches* são como latas flexíveis, nas quais o alimento é cozido depois de embalado. Este material que pode suportar estresses térmicos e físicos de esterilização é usado extensivamente no Japão e em algumas partes da Europa. *Retort pouches* nunca foram muito populares nos Estados Unidos e no Reino Unido, apesar das altas expectativas nos anos 1970. Uma estrutura similar é, entretanto, usada para aplicações em embalagens médicas.

O filme PET é relativamente caro, mas existe economia no processamento através de equipamentos do tipo *form-fill-seal*, pois eles podem trabalhar a velocidades mais altas sem a distorção que ocorre com outros materiais.

PET termoformado – APET e CPET

PET amorfo (APET) pode ser extrudado em chapas e usado para aplicações de termoformagem. O material resultante é calandrado para alto brilho e é mais caro que outros plásticos termoformáveis. Dispositivos médicos normalmente são embalados em termoformados de APET.

Esses mesmos tipos de APET são usados na produção de caixas transparentes. O material em chapas é dobrado, cortado e costurado lateralmente por adesão ou calor. Os pacotes oferecem aparência atrativa para artigos de banheiro, têxtil e pequenos itens de uso doméstico.

Na maioria dessas aplicações, o APET compete diretamente com o PVC – do qual é visualmente indistinguível – e com chapa de PP – que, embora mais opaca, está fazendo sua entrada no mercado de caixas transparentes. Embora o PET seja mais caro do que o

materiais para **embalagens**

PVC ou o PP, ele tem um ciclo de termoformagem mais rápido, é mais fácil de ser reciclado na própria empresa, pois a degradação térmica não é um problema e não são necessários aditivos estabilizantes.

O PET cristalizado (CPET) é menos sujeito à deformação sob estresse, especialmente a altas temperaturas, mas é quebradiço a temperaturas baixas. É usado para fazer bandejas termoformadas que podem ser levadas ao forno de micro-ondas e ao forno convencional. Este é um mercado de alto crescimento, relacionado ao crescente número de pessoas usando fornos de micro-ondas que são ativamente persuadidas por varejistas e produtores de alimento que fornecem refeições prontas (congeladas ou refrigeradas). Em alguns casos, bandejas que podem ser levadas ao forno de micro-ondas e ao forno convencional têm uma estrutura APET/CPET com o CPET fornecendo rigidez e o APET fornecendo resistência ao impacto à baixa temperatura.

CPET é manufaturado utilizando processo de termoformagem tradicional para chapas grossas, mas a bandeja permanece no molde por algum tempo a mais para atingir a cristalização. O efeito é visível, pois a bandeja transparente fica opaca/branca. As chapas de CPET podem também ser extrudadas na forma expandida, o que resulta em uma bandeja de menor peso, que tem sido usada para produtos de padaria. Bandejas de CEPT podem tolerar temperaturas até cerca de 220 °C.

Paradoxalmente, se somente tolerância ao forno de micro-ondas fosse necessária, o PET não seria considerado, já que bandejas de PP termoformadas são mais baratas e são capazes de suportar temperaturas de 100-110 °C geradas pelos fornos de micro-ondas. Entretanto, para suprir os consumidores com a máxima conveniência e flexibilidade, os produtores de alimentos reconhecem que uma bandeja que sirva tanto a fornos de micro-ondas como a fornos convencionais é a preferida.

Poliésteres de alto desempenho – PCTA, PETG e PEN

A complexa química que envolve a síntese do grupo plástico poliéster permite a possibilidade de muitas variações, dessa forma oferecendo benefícios atrativos.

Agora estão disponíveis no mercado tipos de PET resistente a temperaturas mais altas. O PCTA copoliéster (ciclohexanodimetanol e ácido tereftálico, copolímero modificado com outro ácido) é um material cristalizável, com um ponto de fusão muito alto, usado para bandejas que vão tanto ao forno de micro-ondas quanto ao forno convencional. Ele pode ser misturado com outros plásticos ou carregado com fibras de vidro ou mica para atender a uma variedade de critérios de desempenho.

O copoliéster PETG é um poliéster modificado com glicol. Na forma de placas, sua temperatura de fusão varia de 230 °C a 250 °C. Ele pode ser moldado por extrusão a sopro em garrafas transparentes, extrudado em filmes e placas para termoformagem ou também moldado por injeção. Ambos, o PETG e PCTA, são esterilizáveis com óxido de etileno e raios gama.

O PETG é moldado por injeção em potes de paredes grossas para cosméticos, claros e transparentes, que se parecem com o vidro e têm excelente resistência a óleos e aromas. Ele também pode ser usado para fazer embalagens para alimentos e detergente, bem como bandejas para dispositivos médicos. O material é de alto brilho e transparência e tem características muitos boas no processamento. É fácil de imprimir com alta qualidade gráfica, incluindo transferência de folha de alumínio metálico. Ele compete diretamente com PVC

capítulo **9** – poliésteres

e, embora o PETG tenha uma aparência visual superior, é significantemente mais caro. Os melhoramentos no PET e PEN fizeram com que o interesse por este material diminuísse.

O poli(etileno naftalato) tem propriedades de barreira superiores, resistência ao ultravioleta e estabilidade térmica, fazendo-o particularmente apropriado para uso em contato com alimentos que são envasados a quente. Garrafas de PEN rígidas são apropriadas para uso em aplicações retornáveis/recarregáveis, pois elas têm resistência térmica e podem ser reesterilizadas para o reúso.

Comparado com PET, o PEN fornece aproximadamente cinco vezes maior nível de barreira para dióxido de carbono, oxigênio e vapor d'água. É mais resistente que o PET e é resistente a raios ultravioleta. Seu desempenho a altas temperaturas é melhor, fazendo com que os produtos sejam envasados a quente sem a distorção da parede lateral, que é um problema do PET.

O PEN pode ser moldado e as garrafas PEN podem ser usadas para alimentos, bem como para bebidas alcoólicas e carbonatadas. Garrafas PEN estão começando a ser usadas para cerveja, uma aplicação com grande demanda que necessita de boa barreira ao oxigênio e à radiação ultravioleta.

O PEN pode ser misturado com PET, e copolímeros PET/PEN podem ser produzidos. Tais combinações otimizam o alto custo do material PEN, com a firme esperança de que aplicações em alimentos cresçam.

Os filmes PEN são mais rígidos que o PET, fornecendo, simultaneamente, um material mais fino com uma barreira melhor. Aplicações incluem *stand-up pouches*, embalagem com atmosfera modificada e embalagem de reposição para refeições domésticas.

O PEN puro pode ser facilmente separado de outros plásticos, pois é fluorescente, facilitando a reciclagem caso ele se torne mais largamente utilizado. Reciclagem é uma opção importante para tais materiais de alto custo.

As primeiras aplicações de PEN ocorreram no Japão e na América do Sul, mas existe interesse no mundo todo para este plástico de alto desempenho. Devido ao seu alto custo no momento, ele tem sido usado somente para embalagem de alimento, em que altas barreiras ou altas temperaturas são requisitos essenciais. Entretanto, o preço está caindo por causa do uso de um material-base novo e mais barato e pelo aumento da capacidade de produção. É esperado que o PEN tenha custo competitivo com os plásticos de desempenho mais baixo.

O potencial para novas classes de poliéster como exemplificado pelo material PEN é tal que poderiam oferecer a possibilidade de ser o "máximo em plástico". Eles são inertes, não necessitam de aditivos, são completamente recicláveis e podem tanto ter o desempenho dos materiais tradicionais como, no mínimo, fornecer um nível adequado de desempenho para a distribuição moderna de alimentos.

10

náilon
(poliamida)

O grupo de poliamidas, ou náilon (anteriormente uma marca registrada da DuPont, embora tenha sido desenvolvido no Reino Unido), engloba uma classe de produtos químicos desenvolvida nos anos 1940. Como os poliésteres, eles inicialmente foram utilizados para produtos têxteis. Somente poucos foram empregados em aplicações de embalagem, embora eles normalmente tenham aplicações bastante específicas, em que suas propriedades de barreira ao gás e de resistência fazem mérito ao seu alto custo.

O náilon tipo 6 e o subtipo 6,6 são os mais importantes para embalagem. A química da poliamida é complexa e um sistema tem sido desenvolvido para dar nomes aos tipos, baseado no número de átomos de carbono no monômero original que representa o tamanho do grupo que se repete ao longo da cadeia do polímero. O náilon-6 tem seis átomos de carbono na sua unidade repetitiva (mero) e o náilon-6,6 possui dois grupos de seis átomos de carbono cada no seu mero.

As propriedades mais significativas do náilon para aplicações em embalagem são sua tenacidade e resistência mecânica em uma grande variação de temperatura, resistência à perfuração, a ataque de gorduras, fragilização sob tensão *(stress cracking)* e barreira aos gases, óleos, gorduras e aromas. O náilon absorve água e tem propriedades pobres quanto à transmissão de vapor de água, mas isso pode ser melhorado aplicando-se um revestimento de PVdC.

O náilon pode ser moldado ou soprado em filme, moldado por sopro ou termoformado. O náilon é caro e é frequentemente usado em estruturas coextrudadas com outros plásticos. Garrafas moldadas por sopro para produtos químicos agressivos como artigos de banheiro e produtos de limpeza de uso doméstico são feitos utilizando o náilon como uma camada mais externa para garrafas plásticas moldadas por extrusão a sopro, fornecendo uma superfície brilhante altamente atrativa. Esta camada também pode ser pigmentada para dar uma camada colorida sobre um plástico mais barato como o PEAD.

Filme de náilon

Muito náilon utilizado em embalagem é usado na forma de filmes multicamadas produzido seja por laminação adesiva, quando a forma orientada pode ser usada, ou por coextrusões, normalmente com polietileno ou polipropileno. Quando coextrudado com poliolefinas, se as viscosidades no estado fundido forem próximas, não é necessária uma camada intermediária de adesivo. O filme de náilon muito fino orientado pode ser usado com um componente de laminados de alto desempenho, normalmente competindo com o PET. O náilon é também um bom filme para metalização, pois sua baixa espessura permite longas partidas em câmaras de vácuo seladas, oferecendo boa economia na produção.

O náilon tem um ponto de fusão alto e o filme é difícil de soldar a quente, embora isso se torne possível quando tratado por efeito corona e aplicado calor e pressão suficientes. Alternativamente, ele pode ser coextrudado ou laminado com o polietileno, que é facilmente selado a quente.

Náilon é um dos poucos materiais para filmes (PET é outro) que na sua forma não encolhível pode ser usado a altas temperaturas. Então, é usado para embalagens de cozimento e embalagens a vácuo para carnes processadas. Para certas aplicações, tais como presunto, salsichas especiais, o produto pode ser cozido pelo produtor em embalagens com base de náilon. A tenacidade do filme de náilon é útil quando a embalagem a vácuo é usada; se o produto contém partículas afiadas ou ossos, sua resistência à perfuração é também o maior benefício. Por exemplo, o náilon é usado para embalagem de seringas hipodérmicas e para peças militares sobressalentes.

Quando sua propriedade de barreira ao gás é também necessária, o náilon é uma boa solução de custo, mas, se isso não for necessário, existem alternativas mais baratas, como PEAD e PP.

O náilon é coextrudado e laminado em outros filmes substratos. Aplicações para coextrudado PET/náilon/PE incluem bacon, queijo, carne, comidas oleosas e gordurosas, café e produtos com jato de gás. O náilon é laminado até com folha de alumínio para fazer laminado *retort pouch* ou pode ser laminado para melhorar a barreira e para dar um aspecto metálico. O material metalizado é usado nos *pouches* de café institucionais, bexigas metalizadas e aplicações embalagem na caixa (em combinação com EVOH e PELBD).

A alta resistência e a tenacidade do filme de náilon podem ser melhoradas por orientação, que também melhora as propriedades de barreira e fragilização por tensão (*stress cracking*). Comparado com o filme PET orientado, o náilon orientado é uma barreira melhor ao gás, mais macio e mais resistente à perfuração, embora o PET seja mais rígido e com melhor barreira à umidade.

O filme de náilon biorientado mais popular é produzido a partir do náilon-6 e tanto pode ser moldado por extrusão como uma chapa ou então orientado ou extrudado no método japonês "bolha dupla", no qual ocorrem dois estágios de insuflação, sendo o segundo mais frio, em uma linha de extrusão tubular.

As propriedades do material final são muito influenciadas pelo grau de cristalinidade, que, por sua vez, está relacionado com o processo de resfriamento. O resfriamento rápido no processo de calandragem produz um material tipicamente amorfo, enquanto o resfriamento lento facilita a cristalização do polímero. A capacidade de termoformação e o grau de transparência são também influenciados pela cristalinidade. Já que a taxa de resfriamento

capítulo **10** – náilon (poliamida)

não pode ser precisamente controlada no processo de sopro tubular, a extrusão tubular normalmente produz filme com menor transparência e brilho.

Em termoformagem, o náilon pode ser muito deformado em moldes profundos, resistindo ao *stress cracking* durante a moldagem. O náilon-6 é frequentemente coextrudado com poliolefinas ou usado como revestimento para papelão, papel e folha de alumínio, para melhorar suas propriedades.

O náilon é um dos filmes para embalagem mais caros. As maiores fontes de filmes de náilon orientado são Itália, os Estados Unidos, Dinamarca e Japão.

As boas propriedades de barreira ao gás têm levado ao desenvolvimento de outros tipos especiais de náilon, encontrando novas aplicações em embalagem. A poliamida amorfa (AMPA) pode ser dispersa em uma grande proporção de poliolefinas. Partículas imiscíveis de náilon são formadas em finas camadas que são dispersas, de alguma forma, como azulejos em um telhado, para dar uma série de barreiras aos gases, forçando-os a seguir um caminho tortuoso. Como resultado de uma contínua pressão para o uso de materiais com apenas um polímero (para facilitar a reciclagem), o interesse nesse tipo de material diminuiu nos últimos anos.

Poliamidas amorfas são também miscíveis com copoliamidas, poliéster e EVA. Eles melhoram a barreira ao oxigênio e aroma e propriedades mecânicas em coextrusões usadas para garrafas, tubos, estruturas termoformadas e invólucro para salsichas[8].

Embora em sua maioria as poliamidas sejam sensíveis quanto à água, da AMPA se diz que tem melhor desempenho de barreira ao oxigênio, em umidades relativas mais altas. Nesse caso, o EVOH é exatamente o oposto, um dos seus rivais no mercado de alta barreira.

Outro desenvolvimento de poliamida é o MXD-6, um material náilon de alta barreira baseado no copolímero de xileno metaxilenodiamina. Este é usado no Japão como a camada de barreira central de uma garrafa PET de três camadas para vinho e cerveja. Algumas poliamidas novas (semicristalinas e amorfas) têm também sido oferecidas com uma camada de barreira intermediária em garrafas reutilizáveis de policarbonato.

11

celofane
(filme de celulose regenerado)

Há mais de 100 anos o celofane (originalmente a marca registrada DuPont para filme, ou RCF) foi patenteado no Reino Unido. O nome combina as palavras celulose e *diaphane,* a palavra em francês para transparente. Foi um filme transparente muito caro, disponível em muitas cores e usado para embalar itens de luxo. Nos anos 1930, a tecnologia foi desenvolvida para revesti-lo com uma camada de proteção à umidade.

Durante 40-50 anos, o material desfrutou de um contínuo crescimento em aplicações de embalagem. Naquele tempo, era o único material transparente para embalagem. Entretanto, uma vez que o filme de polipropileno orientado ficou disponível e suas propriedades chegaram muito próximas às do celofane, ele rapidamente começou a ser adotado como um substituto a baixo custo. Os dois materiais estão hoje tão próximos que são frequentemente referidos de forma conjunta no mercado Cellopp.

O celofane é agora essencialmente um material para o nicho de mercado de especialidades alimentícias com suas características únicas. Ele mantém seu formato depois de dobrado, o que é importante para aplicações de embalagem que exigem torção do filme, como embalagem para doces duros. É fácil de rasgar, fazendo com que os pacotes se abram com facilidade. É fácil de cortar, de soldar, tem um alto nível de brilho, resiste a altas temperaturas e sua alta permeabilidade à umidade pode ser uma vantagem para produtos como queijo e massas que necessitam de proteção contra o crescimento de bactérias.

Quando revestido, o celofane é uma boa barreira à umidade e ao oxigênio. O revestimento também faz com que o material possa ser selado a quente.

O consumo mundial de celofane para 1995 foi estimado em 1,45 milhão de toneladas com poucos produtos de grande porte localizados nos Estados Unidos, México, Europa, Rússia, China e Japão[9]. Os principais mercados para o celofane são de filme-torção para confeitaria, alimentos como massas e queijos macios, produtos farmacêuticos e de cuidados pessoais. A taxa do celofane para o BOPP na Europa é cerca de 16 vezes calculada em peso e cerca de 10 vezes se calculada pela área, já que a densidade do celofane é 1,5 g/cm^3, consideravelmente mais denso que o BOPP a 0,905 g/cm^3.

O celofane é considerado um material polimérico, já que consiste de moléculas de cadeia longa com unidades de repetição, mas não é um termoplástico, pois não funde nem é capaz de ser conformado com aquecimento.

O material é produzido a partir de polpa de madeira de alta pureza (eucalipto é especialmente apropriado), dissolvendo-se as fibras de celulose em dissulfeto de carbono, e é adicionado hidróxido de sódio, que converte a solução em viscose, uma polpa dissolvida de madeira. O material gelatinoso formado é amadurecido por alguns dias e depois removido e estabilizado principalmente com a adição de ácido sulfúrico. Isso regenera o filme pela coagulação da solução de viscose. Depois de passar por vários banhos de lavagem, o material é plastificado para torná-lo menos quebradiço e mais prático para ser usado como um material de embalagem, adicionando etileno glicol ou propileno glicol (somente propileno glicol é permitido para esse fim nos Estados Unidos).

Neste estágio inicial, o material é extremamente sensível à umidade e, para a maioria das aplicações, ele é então revestido, utilizando-se nitrocelulose ou vernizes de solda a quente de PVdC barreira, esse último fornecendo um desempenho muito melhor. Como resultado, existem quatro categorias de celofane (com mínimas variações em diferentes países):

P   = liso, filme não revestido;

MS   = filme resistente à umidade revestido com nitrocelulose;

MXDT = revestido com PVdC de um lado;

MXXT = revestido com PVdC nos dois lados.

O material MXXT é o mais importante e o de maior grau de desempenho. Ele ainda pode ser subdividido, em função do método utilizado para o revestimento da camada de PVdC. O MXXT/A tem um revestimento de dispersão aquosa e o MXXT/S tem um revestimento de dispersão por solvente. O grau A tem uma barreira um pouco melhor. Diferentemente da maioria dos outros filmes flexíveis para embalagem, o celofane é especificado não pela espessura, mas pelo peso em gramas do filme com uma área de 10 m² (g/10m²) variando de 280 a 600 g/10 m².

Embora o celofane tenha perdido para o BOPP muitas de suas aplicações tradicionais, como embalagem para embrulho, ele continua a ser usado como um laminado em combinações com PEBD, BOPP, PVdC e/ou poliéster metalizado. Tais laminações são utilizadas principalmente para embalar frituras, pipoca, batata frita, castanhas, carnes e queijos.

Celofane é um material versátil; ele pode ser tingido em uma variedade de cores e é um excelente substrato para o processo de metalização. A combinação dessas duas técnicas produz alguns efeitos visuais incríveis.

Os efeitos ambientais do celofane são um assunto de debate. Ele é produzido de recursos naturais renováveis e a sua forma não revestida é biodegradável. Entretanto, é utilizada madeira de alta qualidade, que é menos renovável que outras madeiras, e a maioria das aplicações é revestida, portanto a biodegradação se faz muito lentamente. Foi demonstrado que o celofane pode ser feito de outros materiais contendo celulose, incluindo o feno, mas é mais difícil e caro. Se o material pudesse ser produzido economicamente, de fontes

capítulo **11** – celofane (filme de celulose regenerado)

101

recuperadas de lixo de papel, e a natureza dos produtos voláteis e lixos líquidos necessários para sua produção pudesse se tornar mais aceitável, ele poderia ser considerado um dos materiais de embalagem mais "verdes".

Acetato de celulose

O acetato de celulose é um dos derivados da celulose, sendo uma das primeiras formas de plástico. Ele tem algumas propriedades excelentes, incluindo transparência muito alta e brilho. É facilmente convertido em caixas, acabamentos e aberturas por termoformagem, adesivos e soldagem com solvente.

Outros derivados, o acetato propionato de celulose e o acetato butirato de celulose, têm geralmente propriedades similares, mas com tenacidade muito melhorada.

Os acetatos de celulose têm sido substituídos na maioria de suas aplicações por outros materiais plásticos. Mais e mais caixas transparentes são produzidas de PVC calandrado de alta transparência, especialmente com o advento de melhores técnicas de dobramento que reduzem a tendência do PVC para o branqueamento e fratura nas dobras, bem como a partir de placas de APET e polipropileno. O uso do acetato de celulose como um filme fino para aberturas tipo janelas em caixas e envelopes está ameaçado pelo filme de BOPP, que é mais fácil de produzir e mais abundante.

12

desempenho e propriedades de
barreira dos plásticos

Os capítulos precedentes descreveram os materiais mais comuns para embalagem e suas propriedades. Este capítulo mostra como os materiais se comparam uns com os outros em geral em resistência e em propriedades de barreira. Também descreve alguns novos materiais que têm aplicações em embalagem baseadas no seu alto desempenho.

Comparação das propriedades de barreira

Duas das mais importantes propriedades para a embalagem de alimentos são baixa transmissão de vapor de água e baixa permeabilidade ao gás, porque produtos de alimentos secos necessitam de proteção contra umidade e a maioria dos alimentos necessita de proteção contra oxidação.

É fácil achar um plástico que forneça uma boa barreira ao vapor de água, mas a falta de uma boa barreira termoplástica ao oxigênio é o limite de desempenho mais crítico das embalagens flexíveis.

Alguns plásticos, como as poliolefinas, são boas barreiras ao vapor de água, mas o oxigênio vaza como uma peneira. Outros, como o náilon MXD-6 e EVOH, são boas barreiras ao oxigênio, mas sensíveis à umidade.

O PVdC excede nos dois quesitos, resistência ao oxigênio e resistência à umidade. O PET e o PVC têm um comportamento intermediário em ambas as propriedades.

Apesar do risco da supersimplificação, as Tabelas 12-1 e 12-2 mostram propriedades de barreira dos plásticos para embalagem. Eles são listados na ordem de aumento da permeabilidade (as melhores barreiras são listadas primeiro), ilustrando a falta de correlação entre barreira à água e ao oxigênio. Deve-se notar que a permeabilidade também varia com as condições de temperatura e umidade.

materiais para **embalagens**

Tabela **12-1**

Taxas de transmissão de vapor de água de polímeros[a]

Polímero	TTVA (nmol/ms)
Copolímeros de cloreto de vinilideno	0,005-0,05
Polietileno de alta densidade (PEAD)	0,095
Polipropileno (PP)	0,16
Polietileno de baixa densidade (PEBD)	0,35
Copolímero de etileno e álcool vinílico, 44 mol % etileno[b]	0,35
Polietileno tereftalato (PET)	0,45
Policloreto de vinila (PVC)	0,55
Copolímero etileno álcool vinil, 32 mol % etileno[b]	0,95
Náilon-6,6, náilon-11	0,95
Resinas nitrílicas de barreira	1,5
Poliestireno (PS)	1,8
Náilon 6	2,7
Policarbonato	2,8
Náilon-12	15,9

TTVA = Taxa de transporte de vapor de água em nanomoles de água por metro de espessura do filme por segundo
[a] A 38°C e 90% de umidade relativa a não ser que dito diferente
[b] Medido a 40°C
Fonte: Delassus, P. "Barrier polymers". *The Wiley Encyclopedia of Packaging Technology* (1997), p. 74

Tabela **12-2**

Permeabilidade ao oxigênio de alguns polímeros

Polímero	Oxigênio (nmol/ms GPa)
Copolímeros de cloreto de vinilideno	0,02-0,30
Copolímeros de etileno e álcool vinílico	
A Seco (0% de umidade relativa)	0,014-0,095
A 100% de umidade relativa	2,2-1,1
Náilon-MXD-6[a]	0,30
Polímeros nitrílicos de barreira	1,8-2,0
Náilon-6	4-6
Náilon amorfo (Selar[b] PA 3426)	5-6
Polietileno tereftalato (PET)	6-8
Policloreto de vinila (PVC)	10-40
Polietileno de alta densidade (PEAD)	200-400
Polipropileno (PP)	300-500
Polietileno de baixa densidade (PEBD)	500-700
Poliestireno (PS)	500-800

[a] Marca registrada de Mitsubishi Gas Chemical Co.
[b] Marca registrada da E I DuPont de Nemours and Co., Inc.
Fonte: Delassus, P. "Barrier polymers". *The Wiley Encyclopedia of Packaging Technology* (1997), p. 74

capítulo 12 – desempenho e propriedades de barreira dos plásticos

Como mencionado nos Capítulos de 5-11, existem variações de cada plástico, como orientação ou tecnologias de catalisadores metalocênicos que melhoram a barreira básica dos polímeros e resistência mecânica. Também já foi mostrado que a combinação de materiais como na coextrusão, laminação e blendas poliméricas pode otimizar as propriedades de cada material. No Capítulo 13 esses assuntos são explorados, bem como revestimento e outras modificações de superfície, como metalização e deposição de óxido de silicone, que podem melhorar as propriedades de barreira dos plásticos.

Outros plásticos de alta barreira – Polímeros nitrílicos e fluoropolímeros

Dois outros materiais de alta barreira foram introduzidos para embalagem. Polímeros nitrílicos HNP são barreiras superiores ao oxigênio e fluoropolímeros são barreiras superiores ao vapor de água.

Os HNPs são copolímeros nitrílicos com outros comonômeros plásticos. O nitrílico por si só é uma excepcional barreira ao gás e ao aroma e tem boa resistência química, ultrapassado somente pelo PVdC e EVOH. Polímeros nitrílicos foram usados nas primeiras garrafas plásticas para bebidas carbonatadas por causa de suas propriedades de barreira.

Os HNPs, entretanto, têm uma afinidade pela água e não são uma boa barreira à água. Além do mais, o nitrílico por si só é difícil de processar por fusão, pois tende a degradar a temperaturas abaixo daquelas necessárias para processamento, e, então, é copolimerizado com comonômeros que aumentam a sua processabilidade à fusão sem reduzir suas propriedades[10].

Os HNPs podem ser copolimerizados com muitos polímeros diferentes (ABS e SAN, descritos anteriormente), mas a maioria das aplicações em embalagem envolve poliolefinas. Eles ganham a barreira ao gás e a resistência química do HNP e a barreira ao vapor de água e o processamento econômico da poliolefina. Quando copolimerizado com PP, o HNP pode ser usado em ambientes de alta temperatura, como o forno de micro-ondas. Os HNPs são mais tenazes do que o PET, PVC e as poliolefinas.

Copolímero de acrilonitrila-metil acrilato modificado com borracha (AN/MA) (Sohio Chemical: marca comercial Barex) é o primeiro HNP na produção comercial aprovado nos Estados Unidos para uso com alimentos. Existem algumas preocupações com outros HNPs com relação à migração da acrilonitrila em produtos alimentícios.

O Barex é usado para fazer garrafas resistentes a produtos químicos; HNP é a camada mais interna de contato, sendo a maioria normalmente coextrudada com PEAD. É usado em moldagem por sopro e no caso de sopro com estiramento. A moldagem por injeção a sopro é usada principalmente para a produção de pequenas garrafas para produtos como fluido corretivo e solvente. Garrafas maiores para produtos químicos são moldadas por extrusão a sopro. Moldagem por sopro com estiramento melhora o resistência ao impacto.

Filmes com base de Barex são coextrudados ou laminados com poliolefinas e folha de alumínio para aplicações de embalagem para alimentos. Na forma de placas semirrígidas, tais coextrusões são termoformadas para fazer embalagem para carnes e queijos. Como ele pode ser esterilizado, seja por óxido de etileno ou irradiação gama, é cada vez mais utilizado para embalagens de produtos médicos.

Os fluoropolímeros são uma classe de polímeros parafínicos que têm um ou mais hidrogênios do mero substituídos pelo átomo de flúor. Embora existam alguns fluoropolímeros disponíveis, há somente um usado para embalagem, um fluoropolímero modificado, o policlorotrifluoroetileno (PCTFE), marca registrada Aclar ou Kel-F.

Aclar é o melhor polímero disponível com barreira a vapor de água. É transparente, uma boa barreira aos gases (superado somente pelo EVOH), é inerte à maioria dos produtos químicos, resiste a abrasão e desgaste por exposição ambiental e mantém suas propriedades em uma larga faixa de temperatura, da criogênica até 150 °C.

O filme Aclar pode ser soldado a quente, impresso, termoformado, metalizado e esterilizado. É normalmente laminado com outro material. O maior uso é em laminação com PVC para pacotes farmacêuticos do tipo *blister*, em que alta barreira à umidade é necessária para manter sua eficácia. Também é usado para embalagens militares sensíveis à umidade, itens eletrônicos e aeroespaciais em que seu alto preço pode ser justificado.

Comparação da resistência mecânica

A resistência mecânica do polímero aumenta com o aumento da massa molar e com o aumento de força intermolecular, mas diminui na presença de plastificantes. Isso explica por que, a uma dada massa molar, o náilon e o poliéster são mais resistentes do que as poliolefinas, e o PVC plastificado é mais fraco do que o PVC rígido.

A Tabela 12-3 compara a resistência mecânica dos plásticos de embalagem tendo como base a resistência à tração, deformação máxima na ruptura, resistência ao impacto e resistência ao rasgamento. Eles estão listados na ordem decrescente de resistência (os mais resistentes estão listados primeiro).

A resistência à tração indica a carga por área unitária à qual um material resiste antes de quebrar durante o estiramento. Para uma mesma área transversal (mesma quantidade de material), o PET tem a maior resistência à tração em relação a todos os outros plásticos de embalagem, e o PEBD, a menor.

Os polietilenos de mais baixa densidade e o náilon são os materiais mais deformáveis, indicados pela medida da porcentagem de deformação no momento da ruptura. Essa é a razão por que eles são utilizados para filmes estiráveis (*stretch*). O HNP, PEAD, BOPP e PVdC são os menos dúcteis, a maioria são plásticos que trincam.

A resistência ao impacto é a resistência do material para a quebra sob um impacto de alta velocidade. O policarbonato, o PET e PVC têm as maiores resistências ao impacto, uma das razões pelos quais são utilizados para garrafas de refrigerantes. As poliolefinas têm a menor resistência ao impacto.

A resistência ao rasgamento combina com as propriedades de tração, cisalhamento e elasticidade para indicar a força necessária para propagar o rasgo. Os polietilenos têm a mais alta resistência ao rasgamento. O BOPP, que parece um zíper abrindo quando rasgado, tem a mais baixa tensão de rasgamento.

capítulo **12** – desempenho e propriedades de barreira dos plásticos

107

Tabela **12-3**

Propriedades mecânicas típicas de alguns plásticos de embalagem

Tipo de plástico	Resistência à tração psi	Deformação (%)	Resistência ao impacto kg/cm	Resistência ao rasgamento g/0,001 in
PET	25.000-33.000	120-140	25-30	13-80
Policarbonato	10.000	92-115	100	16-25
Nitrila	9.500	5	Alta	Alta
OPP	9.000-25.000	60-100	5-15	4-6
PVdC	8.000	40-100	10-15	10-20
Náilon	7.000	250-500	4-6	20-50
Fluorocarbono	5.000-10.000	50-400	2-15	3-4
Ionômero	3.000-5.000	350-450	6-11	15-150
PEAD	3.000-7.500	10-500	1-3	15-300
PELBD	3.500-4.500	500-700	8-13	80-800
PEMD	2.000-5.000	225-500	4-6	50-300
PVC	2.000-16.000	5-500	12-20	Variável
PEBD	1.000-3.500	225-600	4-6	50-300

Fonte: Soroka, W. *Fundamentals of Packaging Technology.* IoPP, USA (1995), p. 11-22

Outros plásticos de alto desempenho

Existe uma família de polímeros de engenharia de alto desempenho, alguns dos quais têm menor utilização em embalagem. O mais notável é o policarbonato, que é muito forte. Esta seção o descreve de maneira breve, bem como alguns novos materiais de alta temperatura, poliuretanos e polímeros de cristal líquido.

Policarbonato (PC)

O policarbonato, como visto nas comparações de resistência mecânica na seção anterior, é um polímero extremamente forte. É mais conhecido por sua utilização como "vidros" à prova de vândalos, escudos para policiais, capacetes de segurança e mamadeiras esterilizáveis para bebês.

O PC é claro, tenaz e resistente ao calor; é o plástico de maior resistência ao impacto; é transparente; tem boa resistência a água, óleo e álcool, mas com resistência relativamente pobre a álcalis. O principal produtor, a General Electric Plastics, tem por muitos anos promovido seu produto Lexan para embalagem (Makrolon é um concorrente produzido pela Bayer).

Aplicações anteriores foram dirigidas para garrafas de leite retornáveis nos Estados Unidos durante o final dos anos 1960. Eram comuns mais de 100 reutilizações e, nesse nível, o alto custo inicial poderia ser justificado, mas as garrafas não foram adotadas nos Estados Unidos. Alguns sistemas escolares nos Estados Unidos experimentaram, nos seus programas de almoço, o material como garrafas de versão individual (250 ml). Tentativas em outros países, notadamente no Reino Unido nos anos 1970 e 1980, não levaram a uma larga adoção do material até a década de 1990, quando foi renovado o interesse para os supostos benefícios dos frascos retornáveis para o leite, e foi adotado na Alemanha, Áustria, Suíça, Itália e no Reino Unido.

PC é usado para bombonas de água retornáveis (capacidade para 5 galões ou 20 litros). Essas bombonas aproveitaram a vantagem do PC de baixo peso, resistência ao impacto, excelentes propriedades óticas, inércia e o fato de poder ser lavado muitas vezes em equipamentos automáticos a 70 °C. Quando coextrudadas com náilon amorfo, as garrafas de PC retornáveis podem ser usadas para bebidas carbonatadas.

O PC pode ser esterilizado por técnicas de esterilização comercial, tais como autoclave, óxido de etileno, radiação gama ou feixe de elétrons, tornando-se um bom material para muitas aplicações médicas. Visto que ele pode suportar alta temperatura, é também indicado para aplicações em alimentos envasados a quente ou cozidos depois de embalados. Uma embalagem para pães parcialmente assados é uma das utilizações mais conhecidas para embalagem de alimentos utilizando o policarbonato.

O filme de PC para embalagem é coextrudado com uma camada de poliolefina soldada a quente. Tais filmes são tenazes e resistentes e têm sido usados para embalagens de produtos médicos descartáveis. Placas mais grossas, coextrudadas com poliéster cristalizado, são termoformadas em bandejas fortes que podem ser utilizadas tanto em forno de micro-ondas como em forno convencional e *blister* para produtos médicos. Garrafas coextrudadas com EVOH e PET são usadas na Dinamarca para ketchup; elas podem suportar o envase a quente a temperaturas que o PET sozinho não poderia suportar sem distorção ou sem esbranquiçar. O PC também pode ser expandido, formando um forte material de isolamento.

Plásticos de alta temperatura

Existem alguns outros plásticos relativamente novos que podem ser usados em aplicações de alta temperatura.

O polieterimida é um material rígido caracterizado por sua estabilidade à alta temperatura, acima de 180 °C em uso contínuo, mas algumas formas especializadas podem ir a temperaturas extremas, tão altas quanto 350 °C. A General Electric Plastics produz o material sob o nome Ultem e tem produzido, além de componentes eletrônicos, placas de materiais coextrudados para serem termoformadas para bandejas que podem ser levadas ao forno convencional e ao forno de micro-ondas.

Poli(sulfeto de fenileno) e polioxifenileno (PPS e PPO) são outros dois polímeros utilizados principalmente para itens de consumo duráveis e componentes de engenharia. Algumas aplicações que justificam seus altos custos têm sido em embalagem quando são necessárias resistências química, ao calor e mecânica. Como mencionado anteriormente, o PPO tem sido combinado com PS para bandejas que podem ser levadas ao forno de micro-ondas.

O copolímero metilpenteno (TPX) foi desenvolvido pela ICI nos anos 1970 como um revestimento à alta temperatura para bandejas com base de papelão para utilização em fornos. Tem estabilidade térmica acima de 100 °C. O material não foi largamente adotado devido à dificuldade

capítulo **12** – desempenho e propriedades de barreira dos plásticos

109

em desenvolver tecnologias apropriadas para revestimento e pelo advento do PET, oferecendo um revestimento similar em alta temperatura, a um custo muito mais baixo. A empresa Mitsubishi progrediu nas aplicações de embalagem produzindo um filme de alta temperatura e frascos moldados para cosméticos e artigos de banheiro. A última aplicação explora particularmente a alta transparência e o brilho do TPX. A densidade do material a 0,83 g/cm³ é mais baixa até que a do polipropileno, oferecendo um alto rendimento para contrabalançar o seu alto custo.

A blenda polimérica de poliestireno e polioxifenileno PS/PPO, conhecida por Noryl, foi desenvolvida pela GE Plastics, sendo resistente ao calor e mantendo a estabilidade dimensional até 137 °C. É utilizada para bandejas para micro-ondas nos Estados Unidos e na Europa[11].

Poliuretanas

As poliuretanas (PUs) são um grupo de termorrígidos utilizados principalmente em embalagem na forma de espumas para preenchimento de vazios e materiais de acolchoamento, embora também existam alguns poucos na forma de filmes. As poliuretanas são geradas pela reação química resultante da combinação de um isocianato com um poliol (poliéster, poliéter ou polímeros grafitizados).

Existem dois tipos de espuma de PU usados para embalagem. O primeiro foi na forma de placas pré-formadas macias e flexíveis usadas para proteger itens pequenos e leves. Este é o mesmo tipo de espuma flexível de PU de baixa densidade, célula aberta, usada em acentos de cadeiras e embasamento de tapetes. O segundo tipo, dito de espumação local, combina o isocianato e o poliol diretamente no local do uso. As duas substâncias químicas são misturadas e colocadas dentro de caixa, molde ou sacola onde rapidamente (5-30 segundos) reagem, expandindo para preencher todo o espaço vazio. Enquanto o agente de expansão expande dentro do polímero em formação, é criada uma estrutura celular formando a espuma, que então se ajusta dentro da forma a ser moldada.

Na maioria das aplicações, o produto a ser protegido é colocado sobre a massa recém-misturada e pronta para ser expandida, normalmente coberta com um filme de polietileno, para que a espuma, ao se formar, possa envolver o produto, preenchendo por completo o espaço vazio. Este material de espumação local é disponível em várias densidades e pode ser usado para produto de pesos diversos. O material é caro comparado com outros materiais de acolchoamento, mas sua vantagem é que os custos do molde são baixos ou não existentes. É frequentemente usado para aplicações em que as formas dos produtos variam.

As poliuretanas são também usadas na forma de revestimento e para certos empregos especiais como materiais para manter objetos em suspensão, sendo produzidas como um filme muito tenaz e fino. Uma característica particular do filme é o toque macio, fazendo com que ele seja especialmente apropriado para produtos médicos e de higiene. Sua resistência mecânica e resistência à gordura têm sido utilizadas em certas demandas industriais e em aplicações de embalagens militares.

Copolímeros grafitizados, ionômeros

Copolímeros grafitizados (ou enxertados) são um grupo de plásticos especiais com propriedades úteis na sua forma semifundida. Eles são derivados de alguns polímeros comuns, modificados através do enxerto de grupos ou radicais na cadeia principal.

materiais para **embalagens**

Copolímeros grafitizados, pela sua facilidade de adesão com materiais que normalmente são de difícil união, fornecem adesivos altamente eficientes.

O EVA (discutido no Capítulo 7) foi uma forma anterior; ele e o Surlyn da DuPont podem ser usados como um filme ou como um revestimento e/ou camada intermediária na coextrusão. Esta é uma família de materiais conhecida como ionômeros, caracterizada pela presença de íons metálicos na molécula. Eles são parecidos ao PEBD e os dois tipos mais importantes têm íons de zinco e sódio fixados no polímero.

As principais vantagens destes ionômeros sobre o PEBD são a maior tenacidade, resistência a óleo e gordura, adesão a quente (resistência física durante a fase fundida) e tenacidade para aderir a outras superfícies, especialmente metais. A mistura de propriedades torna-os particularmente apropriados como um revestimento de superfície sobre o papel ou laminações multimateriais. A sua tenacidade é mais bem demonstrada pelo uso do filme de Surlyn em embalagens que podem cobrir até itens pontiagudos sem serem perfuradas.

Como uma camada soldada a quente, os ionômeros fornecem alta resistência que aumenta muito rapidamente. Esta alta resistência é conseguida mesmo se a superfície for contaminada pelo material de envase, um benefício em particular para embalagens de produtos alimentícios gordurosos, tais como queijo e presunto. Uma estrutura comum para esta aplicação é um laminado de PET e náilon com uma camada de solda a quente de ionômero.

Outros copolímeros grafitizados incluem o copolímero de etileno e acrilato de butila (EBA), o copolímero de etileno e acrilato de metila (EMA), o copolímero de etileno e ácido acrílico (EAA) e o copolímero de etileno-acrilato de metila-ácido acrílico (EMAA). Todos podem ser produzidos na forma de filme, mas têm uma maior relação custo-benefício se utilizados misturados em blendas com PEBD, como camadas intermediárias na coextrusão ou como camadas de alta qualidade soldáveis a quente.

Polímeros de cristal líquido (LCPs)

Um grupo final de materiais que é ainda alvo de pesquisa, mas que poderia revolucionar os plásticos, são os polímeros de cristal líquido (LCPs). Primeiro foram utilizados para fibras de ultra-alto desempenho (Kevlar é uma delas). Seu vasto potencial de aplicação em filme e itens moldados tem sido objeto de pesquisa desde o início dos anos 1980.

Existem dois tipos principais de LCP. O tipo liotrópico pode ser produzido somente a partir de uma solução, ser fiado em fibras ou em filme via matriz tipo fenda. O outro grupo, chamado termotrópico, tem maior potencial de uso para embalagem. Esses materiais são caracterizados por um ponto de fusão bem definido (isto é, com variação estreita). Na sua forma líquida, as moléculas se alinham parcialmente na direção do fluxo, portanto fornecendo rigidez direcional. Algumas pessoas, por essa razão, as têm chamado de plásticos autorreforçáveis. Isso também contribui para uma excelente resistência à permeabilidade a gases. Controlando-se as condições de processamento, a orientação das longas cadeias poliméricas pode ser influenciada, sendo até possível de se obter alinhamentos moleculares específicos com a utilização de campos eletromagnéticos, melhorando-se a resistência desses materiais. Xydar é um exemplo desse tipo de LCP; tem sido usado nos Estados Unidos para pratos para micro-ondas, mas infelizmente, devido à sua alta estabilidade térmica, ele precisa ser processado perto dos 500 °C.

O filme LCP termotrópico oferece vantagens de desempenho comparado com os poliésteres de alto desempenho (PET/PEN), tendo melhores propriedades térmicas, mecâ-

capítulo **12** – desempenho e propriedades de barreira dos plásticos

111

nicas e de barreira. Pode ser usado para aplicações em embalagem de alimentos e finalidades médicas, que necessitem de esterilização, recozimento e vida de prateleira longa.

Um material mais novo, para o qual são esperadas temperaturas de processo abaixo dos 300 °C, é o Vectra da Hoechst-Celanese. É baseado no copolímero randômico de ácido hidroxibenzoico e hidroxinaftenoico. O alto custo ainda limita o uso de tais materiais, mas novas técnicas, uma vez descobertas, em geral passam a ser usadas mais amplamente e por fim encontram aplicações em áreas como embalagem.

Os LCPs têm outra propriedade interessante utilizada em displays digitais para calculadoras: eles se tornam opacos quando acionados por um impulso elétrico. Até esta propriedade exótica tem sido sugestão para exploração em aplicações especiais de embalagem no Japão pela C Itoh e Ajinomoto Foods. Um filme transparente de ACT, uma lâmina de PET/LCP/PET, se torna opaco quando uma minúscula voltagem é aplicada nele. Essa utilização é possível graças à redução do custo de baterias descartáveis e pela fascinação dos japoneses com novas formas de embalagem.

Referências da Parte 3

[1] "Packaging without plastics: more waste and more energy". *Neue Verpackuging*, v. 41, n. 2 (1988), p. 79.

[2] Maraschin, NJ. "Polyethylene". *Modern Plastics Encyclopedia 97*. McGraw Hill, USA, p. B3-B4.

[3] Simpson, MF e Presta, JL. "Seal through contamination". *Journal of Plastic Film and Sheeting*, v. 13, n. 2 (1997), p. 159-77.

[4] Demetrakakes, P. "New plastic resin search for their niche". *Packaging* (mar. 1994), p. 25-6; Leaversuch, RD. "Polyolefins tailored for food containers and lids". *Modern Plastics* (maio 1997), p. 33-5; Simon, DF. "Single-site catalysts produce tailor-made, consistent resins". *Packaging Technology and Engineering* (abr. 1994), p. 34-7.

[5] "Tampoli Co. Ltd establishes metallocene PE film commercial production". *Packaging Trends Japan* n. 97 (jan. 1997), p. 6; Yamada, M. "Possibilities of metallocene LLDPE". *Paper, Film and Foil Convertech Pac*, v. 5, n. 2 (1997), p. 35-8.

[6] Sherman, LM. "Where the growth is in...rigid food packaging". *Plastic Technology*, v. 43, n. 10 (1997), p. 62-3.

[7] Pidgeon, R. "Plastic beer bottle launch from Bass". *Packaging Week*, v. 13, n. 15 (11-18 dez. 1997), p. 1.

[8] "Amorphous polyamide for improved properties". *Neue Verpackuging*, v. 50, n. 3 (1997) p. 60, 62, 64.

[9] Jenkins, B. "Cellophane". *The Wiley Encylcopedia of Packaging Technology*, p. 194-5.

[10] Lund, PR e Sentman, RC. "High-nitrile polymers offer thermoforming advantages". *Modern Plastic International*, v. 27, n. 2 (1997), p. 75-6, 79.

[11] "Take away food container is ovenproof". *Food, Cosmetic and Drug Packaging* (maio 1996), p. 7.

Parte 4

compósitos e
materiais auxiliares

13

embalagens flexíveis e outros
materiais compósitos

Na Parte 3 deste livro, foram discutidos os materiais plásticos de embalagem mais importantes que podem ser moldados, seja como filmes ou em outras formas moldadas. Em cada seção foram discutidas algumas aplicações em que, no mínimo, um material plástico é combinado com outro material para se atingir propriedades específicas.

Este capítulo cobre alguns dos materiais plásticos modificados mais comuns, incluindo estruturas multicamadas, revestimentos de superfícies e tratamentos, blendas, aditivos e estruturas de compósitos. Existe uma ênfase especial em aplicações de embalagens flexíveis, sobretudo para embalagem de alimentos, pois a maioria deles utiliza materiais modificados para conseguir um conjunto de propriedades particulares.

Embora o papel, a folha de alumínio e o celofane sejam normalmente o substrato para materiais de embalagem flexíveis, eles são geralmente revestidos ou laminados em plásticos, de maneira a melhorar sua soldabilidade a quente, impermeabilidade à gordura ou propriedades de barreira. Algumas vezes, o material compósito é feito de camadas de diferentes plásticos, cada um contribuindo com suas propriedades únicas.

As aplicações de embalagens flexíveis estão crescendo e os novos materiais com barreiras são mais fortes e melhores do que antes. As embalagens flexíveis são particularmente bem posicionadas para explorar as oportunidades em crescimento no mercado de alimentação de conveniência. Comparados com formas rígidas, os flexíveis reduzem não só o volume da embalagem, mas também o custo e seu transporte, resultando em menos massa para descarte.

O consumo como um todo de materiais de embalagens flexíveis previa crescimento de 2,5-3% ao ano para o ano de 2001. A Tabela 13-1 mostra a tendência na Europa Ocidental para o uso de embalagens flexíveis. O crescimento relativamente lento do volume é devido ao domínio do PE, para o qual o crescimento anual previsto é de 1%, enquanto os ganhos do PP, náilon e PET são de 5% ou mais. Entretanto, esse crescimento nos números de toneladas minimiza o ganho real obtido em termos da área do material usado para embalagem por causa do desenvolvimento de materiais que aceitam espessuras cada vez menores[1].

Tabela **13-1**
Demanda de polímero/filme flexível para embalagem na Europa Ocidental, 1995-2001 (1.000 ton)

	1995	1996	1997[a]	1998[a]	1999[a]	2000[a]	2001[a]
PE	900	909	918	927	936	946	955
BOPP	380	410	437	470	493	524	550
PP Plano	110	114	119	124	129	134	139
Náilon	63	68	72	75	79	84	88
PVC	60	61	62	63	64	65	66
PET	48	50	53	56	58	62	65
Filme de celulose	25	25	24	24	23	22	22
Total	**1.586**	**1.637**	**1.685**	**1.739**	**1.782**	**1.837**	**1.885**

[a] Previsão

Fonte: Gaster P. *European Market for Flexible Packaging.* Pira International (1997), p. xiv

Os filmes de materiais plásticos com propriedades melhoradas, quando combinados com outro material, estão também ganhando terreno por razões ambientais. Além de plásticos modificados usarem material de forma eficiente, depois do uso da embalagem, eles são uma boa fonte de energia. Como a incineração para recuperação de energia fica cada vez mais aceitável, reduz-se o apelo de se usar apenas um único material de embalagem com intenção de facilitar a reciclagem convencional.

Existe um largo escopo para modificar as propriedades dos plásticos. São possíveis quatro enfoques principais:

▶ combinar diferentes polímeros em estruturas multicamadas;

▶ revestimento de superfície e tratamentos;

▶ blendas ou misturas de materiais dissimilares; e

▶ incorporação de aditivos específicos para promover os efeitos desejados.

Geralmente, os plásticos modificados visam melhorar quatro propriedades que são importantes para embalagem de alimentos: barreira ao vapor de água e gás (especialmente o oxigênio), tolerância ao calor e custo.

Já que a maioria dos alimentos precisa de proteção contra a oxidação, a falta de uma boa barreira transparente ao oxigênio é o limite de desempenho mais crítico de embalagens flexíveis. As folhas de alumínio, quando construídas dentro de um material flexível, fornecem uma barreira absoluta. Os principais plásticos de barreira (discutidos em seções anteriores) são: EVOH, PVdC e náilon amorfo.

O desenvolvimento de uma sempre crescente variedade de filmes sofisticados de barreira na forma de laminações, coextrusões e revestimentos, incluindo metalização e deposição de sílica, tem sido central para o sucesso de embalagens flexíveis, especialmente nos setores de alimento, médico e farmacêutico.

capítulo 13 – embalagens flexíveis e outros materiais compósitos

O progresso nesta área tem sido rápido nos últimos anos e mais desenvolvimentos são esperados para aumentar o desempenho e a variedade das aplicações, levando a estender a vida útil de prateleira para uma grande variedade de produtos alimentícios. Pesquisas na área incluem o desenvolvimento de filmes com propriedades de barreira modificadas para atender as necessidades de alimentos específicos e o desenvolvimento de filmes inteligentes que podem modificar suas propriedades de barreira em resposta às mudanças em temperatura e umidade. Existe também um esforço para desenvolver mais filmes para uso em fornos convencionais e fornos de micro-ondas.

O segundo fator mais restritivo na embalagem para alimentos é a tolerância ao calor, dada a importância potencial de tecnologias como envase a quente, processamento de recozimento e reaquecimento. Alguns materiais, como laminações para sacos de recozimento, podem ser usados para esterilização na própria embalagem. O CPET ou policarbonato pode ser usado se for necessário aquecimento em forno micro-ondas ou convencional. Alternativamente, o uso de técnicas mais novas de envase asséptico a frio pode ser factível com a maioria dos plásticos. Existem também desenvolvimentos com estirenos de alta temperatura e PVC, bem como com novos poliésteres e copoliésteres.

Laminados e coextrusão

As estruturas multicamadas existem por causa do desejo de combinar as melhores propriedades de um número de diferentes materiais em uma estrutura quando não há um único material que fornecerá o desempenho necessário. Por exemplo, o PE é econômico e uma boa barreira à umidade, mas é uma barreira pobre ao oxigênio e pode estirar muito se usado para embalagem de produtos pesados. O PET é uma barreira melhor ao oxigênio, mas é caro e não solda muito bem. Uma laminação ou coextrusão de dois materiais podem resultar em um material forte com uma boa barreira, a um custo moderado.

Existem três modos de combinar as camadas:

- laminação com adesivo;
- laminação por extrusão; e
- coextrusão.

Outros materiais finos e não plásticos, como o celofane, papel e folha de alumínio, podem também ser laminados em filmes plásticos. O número de combinações é vasto.

A maioria das estruturas multicamadas é baseada em poliolefinas (PE e PP). As poliolefinas são de baixo custo, versáteis e fáceis de processar. O PEBD e o PELBD são avaliados pela sua tenacidade e soldabilidade. O PEAD produz um filme com boa barreira à umidade e de fácil processamento. O BOPP é escolhido por fornecer filmes de fácil processamento com alta resistência a impacto e rigidez.

A base poliolefínica é quase sempre combinada com outras resinas para melhorar suas propriedades. Copolímeros como EVA são utilizados como camadas externas pela suas características de soldagem a baixa temperatura. Quando é necessária proteção a oxigênio, aroma e gosto, são utilizados folha de alumínio, PVdC, náilon e EVOH. O papel impresso

materiais para **embalagens**

pode ser incluído. Outros polímeros, tais como o PET ou policarbonato, podem ser usados como camadas externas para fornecer integridade térmica excepcional e resistência.

Os filmes multicamadas são normalmente feitos de dois ou três materiais e podem incluir camadas de adesivos. O uso dessas camadas adesivas é necessário em filmes que incluem camadas de náilon ou EVOH que devem ser justapostas com poliolefinas, pois eles não aderem bem nas poliolefinas.

A maioria das laminações adesivas é feita usando um processo com cola a seco. Um adesivo líquido é aplicado a um substrato e é seco com ar quente. A superfície seca então adere a um segundo substrato utilizando calor e pressão.

No processo de cola a úmido, o adesivo é aplicado a um substrato e então os substratos são justapostos e secos em um forno. Ao menos um dos substratos deve ser poroso o suficiente para permitir que a água ou o solvente orgânico evaporem.

Um terceiro processo de laminação adesiva envolve a aplicação de um adesivo com amolecimento a quente *hot-melt* (mistura de polímeros e ceras) aos substratos, juntando-os assim que esfriam. No relativo processo térmico, a camada soldável a quente é aplicada a um substrato e então a camada é ativada a quente quando as duas camadas são justapostas.

Os adesivos (geralmente uretanas ou acrílicos) são escolhidos para suportar o processamento pretendido e a distribuição do produto. Isso pode incluir recozimento do produto envasado a alta temperatura, um produto com migração orgânica volátil que pode dissolver os adesivos ou outros componentes da embalagem que podem reagir e mudar de cor. Visto que os adesivos são reativos químicos que se espera que se polimerizem e/ou produzam ligações cruzadas quando revestidos, resoluções governamentais de aditivos a alimentos estipulam limites quanto à presença de qualquer resíduo não reagido[2].

A laminação por extrusão envolve extrudar uma fina camada de adesivo plástico (tipicamente, PEBD) para juntar camadas de filme, papel ou folha de alumínio. Esse é o método usado para fazer materiais de embalagem asséptica para sucos, podendo ter até sete camadas, incluindo papel, folha de alumínio, revestido com polietileno.

As vantagens da laminação adesiva são custos mais baixos, pois não são necessários adesivos e não existem emissões ambientais. A camada de polietileno fornece adesão e adiciona uma barreira por si só. Ela permite o processamento de camadas mais finas de filme. No momento, laminação por extrusão abrange a maioria das embalagens impressas flexíveis multicamadas.

A coextrusão é o processo mais barato. Ela elimina inteiramente o uso de substratos manufaturados em separado e reduz a operação a um único passo. Algumas camadas de plástico fundido são extrudadas simultaneamente como um único material multicamadas. O esquema de um processo típico de coextrusão é mostrado na Figura 13-1. Por exemplo, um único passo de coextrusão do PEAD e EVA pode substituir uma laminação de OPP e PEBD que necessitaria de quatro passos (extrusão e orientação do PP, extrusão e então laminação do PEBD).

Nas coextrusões, cada plástico mantém sua identidade como uma camada em separado e pode contribuir de acordo com várias funções. Por exemplo, um filme coextrudado usado para embalar carnes pode incluir náilon, EVOH e ionômeros que fornecem, respectivamente, resistência ao calor, barreira ao oxigênio e solda a baixa temperatura.

Figura **13-1**
Coextrusão

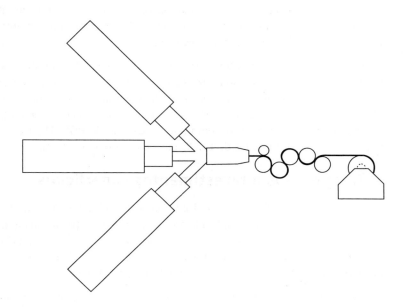

Para algumas combinações de materiais não existe adesão suficiente entre os dois polímeros, e uma camada de adesivo é usada. Essas camadas são de adesivos termoplásticos que são também coextrudados como uma camada distinta. Então, muitos materiais coextrudados têm três camadas: uma camada de cada um dos dois componentes desejados e uma camada de adesão.

Estruturas com quatro ou cinco camadas são comuns, especialmente quando o EVOH é usado como camada barreira. Como o EVOH é sensível à umidade, ele deve ser envolvido por outros polímeros para proteção à umidade, e as combinações normalmente necessitam de camadas de adesão, como ilustrado anteriormente na Tabela 7-2.

Algumas combinações que desempenham muito bem como coextrusões não funcionariam como blendas. Por exemplo, uma coextrusão de EVA e náilon seria soldável a quente e forneceria uma barreira ao aroma, mas, se misturada em uma blenda, os dois materiais se "contaminariam"; o náilon perderia seu poder de barreira e o EVA degradaria na temperatura necessária para fundir o náilon.

Garrafas e outras embalagens rígidas também podem ser feitas por processos de coextrusão. Coextrusão com moldagem a sopro é descrita no Capítulo 5.

Existem três tipos de estrutura coextrudada. Coextrusão de uma única resina tem duas ou mais camadas da mesma resina, mas cada camada é modificada para um propósito especial. Uma camada pode ser de resina pigmentada ou recuperada do processo, ensanduichada entre materiais virgens para controlar a qualidade da superfície e facilidade de processamento, ou uma camada pode ter um coeficiente de fricção diferente.

materiais para **embalagens**

Coextrusão não balanceada normalmente usada para aplicações *form-fill-seal* combina uma camada funcional como PEAD com uma resina soldável a quente como EVA. Para sobreposições horizontais, prefere-se uma camada superficial de PP por sua maior resistência térmica. Outra aplicação combina filme de PP extrudado, que tem uma variação limitada de soldagem a quente, com polietileno mais soldável, usado para embalar fatias únicas de queijo. Filmes aderentes podem ser feitos pegajosos de um lado e não do outro por coextrusão de PELBD com um material menos pegajoso.

Coextrusão balanceada tem a mesma resina soldável a quente nos dois lados do filme. O BOPP, por exemplo, é cada vez mais coextrudado em vez de revestido, para conseguir superfícies de fácil processamento e soldáveis a quente em ambos os lados. Filmes para alimentos congelados são construídos com um fina camada de EVA para aumentar a soldabilidade. Sacolas são feitas com uma coextrusão de PELBD para conferir resistência ao impacto com finas camadas de PEBD para limitar o alongamento.

▌ Tratamentos e revestimentos superficiais

Existem três enfoques principais para modificação de superfície. A maioria dos revestimentos tradicionais é aplicada por calandragem, extrusão ou imersão. Estes são usados para aplicar revestimentos de plásticos, vernizes ou ceras. O segundo enfoque, deposição a vácuo, é usado para depositar uma camada muito fina de metal, óxido de metal ou sílica (vidro). O terceiro enfoque é o tratamento da superfície.

Revestimentos de superfície e tratamentos são usados para melhorar a resistência à água, propriedades de barreira ao oxigênio, resistência química ou aparência de superfície. Alguns adesivos de solda a frio são também aplicados por revestimento e serão discutidos no Capítulo 14.

Revestimentos tradicionais

Os revestimentos tradicionais mais conhecidos são aplicados por calandragem ou extrusão, e incluem termoplásticos, vernizes e lacas, que são usados para dar um revestimento à superfície. Argila, carbonato de cálcio e dióxido de titânio são usados para criar superfícies macias, brancas e boas para a impressão.

As lacas e os vernizes são aplicados por calandras na superfície do papel ou caixas de papelão para dar uma aparência brilhante, proteger a impressão e melhorar a resistência à abrasão. Existem revestimentos com base solvente e com base água, bem como vernizes secos que curam por oxidação. Os revestimentos com base água vêm alcançando popularidade, pois há um menor impacto ambiental (mas necessitam de mais energia para sua secagem, em si um "custo" ambiental). Eles são normalmente aplicados em impressão de jornais.

O revestimento por extrusão é o modo mais econômico de combinar termoplásticos com outros materiais. O PE é de longe o material de revestimento mais comumente utilizado; a variedade das olefinas é tão ampla que fornece uma larga seleção de propriedades de solda a quente e barreira ao vapor de água. O PVdC e EVOH são os revestimentos mais populares para fornecer propriedades de barreira ao gás e propriedades de barreira química, bem como soldabilidade. Revestimentos termofixos são usados sobre estruturas *pouch* para proteger a superfície de danos na soldagem a quente. O náilon amorfo usado como um revestimento por extrusão dá estabilidade térmica.

capítulo **13** – embalagens flexíveis e outros materiais compósitos

Um material revestido por extrusão é menos rígido comparado com um material coextrudado. Embora, em princípio, o uso de revestimentos múltiplos possa fornecer desempenho extremamente alto, a economia e as dificuldades técnicas de adesão múltiplas levam-no a não ser sempre usado.

Impregnação por cera é outra forma tradicional de revestimento, usada na maioria das vezes para papel e placas de papelão ondulado. Na técnica de imersão a quente, a cera é absorvida dentro dos poros da superfície do substrato. Essa técnica está ficando menos usada com o desenvolvimento de materiais poliméricos oferecendo custo-benefício igual ou melhor.

Novos métodos de impregnação de cera utilizando calandragem permitem revestimento diferente que deixa alguma área da embalagem livre de cera para facilitar a colagem. Desde os anos 1960 a cera de parafina tem sido misturada com cera microcristalina, polietileno de baixa massa molar ou EVA. Alguns revestimentos com base em cera podem ser soldados a quente, mas a resistência de união é relativamente baixa.

O revestimento por imersão pode também ser usado para frascos rígidos tais como PET com PVdC para melhorar a barreira ao oxigênio. Em garrafas isso pode ser feito, seja em pré-formas pequenas ou sobre contêineres prontos obtidos por sopro e estiramento. No caso de pré-formas pequenas, as características de estiramento dos dois materiais devem ser similares e a adesão, que está sujeita a tensões consideráveis, deve ser muito forte. Uma necessidade similar se aplica na impressão de placas de metal que são depois prensadas para dar forma de contêineres tridimensionais.

Revestimentos sobre vidro, principalmente para decoração, barreiras leves ou proteção física, são discutidos no Capítulo 3.

Metalização a vácuo e deposição de sílica

Nos últimos anos, têm surgido tecnologias com novos revestimentos capazes de depositar uma camada muito fina de metal ou dióxido de silicone (vidro) sobre a superfície de um filme plástico ou outro substrato. A deposição de metal ou vidro traz às embalagens flexíveis proteção para alimento mais próxima da conseguida pelas latas e garrafas.

A metalização a vácuo foi patenteada por Edison no século XIX e utilizada por décadas em uma pequena escala para a produção de folhas metálicas estampadas a quente e para a decoração de acabamentos. O primeiro filme plástico metalizado foi desenvolvido nos anos 1930 e foi usado para fazer guirlandas de Natal.

Os anos 1970 viram sua expansão em embalagem, com mobilização de plantas de produção em larga escala para metalizar filmes finos. No princípio o processo foi usado em embalagem para fornecer efeitos decorativos e o celofane revestido foi o principal material tratado. A melhoria no desempenho em barreira ao oxigênio foi marginal, já que o celofane revestido com PVdC dos dois lados (MXXT) é, por si mesmo, excelente a esse respeito.

Filmes metalizados são ainda valiosos pelo seu apelo decorativo, mas são muito mais significativos como materiais de barreira. A metalização dá propriedades de barreira ao filme próximas daquelas da folha metálica. Além do mais, filmes metalizados são mais flexíveis do que laminados com folhas metálicas e são menos suscetíveis a danos, tais como trincas e furos causados por dobras.

O filme plástico é liso e relativamente fácil de ser metalizado. O PET metalizado, o celofane, o polipropileno biorientado e o náilon estão agora estabelecidos como materiais de direito próprio[3]. O PEBD, o PC e outros filmes, bem como o vidro, podem ser metalizados, mas exemplos são raros. O papel pode também ser metalizado, obtendo uma aparência decorativa, mas não melhora, de maneira significativa, suas propriedades de barreira.

O revestimento fino de metal é depositado por um processo a alto vácuo. O substrato é alimentado em um ambiente de alto vácuo onde o alumínio vaporizado, de um cadinho alimentado por um fio contínuo, condensa na superfície do substrato. A Figura 13-2 mostra um esquema da câmara de metalização.

Figura **13-2**
Esquema de um metalizador a vácuo

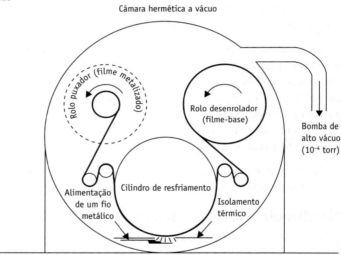

Um elemento significativo do custo total da metalização é a proporção do tempo necessária para carregar a câmara hermética, evacuá-la até as condições de baixíssimo vácuo e começar o processo, comparado com o tempo realmente gasto para fazer desenrolar todo o filme passando pela cabeça de metalização. O tempo de metalização pode então ser otimizado utilizando-se os filmes mais finos possíveis. O PET biorientado e o náilon, ambos produzidos em espessura de 12 μm (mícrons), são os mais econômicos a esse respeito.

Os filmes metalizados são usados pelas suas propriedades de barreira e pela resistência à abrasão em pacotes de café a vácuo e embalagens de alimentos tipo aperitivo (*snack*). O PET metalizado tem sido também utilizado em *pouches* para componentes eletrônicos, em que fornece blindagem à carga estática além da resistência mecânica.

O desempenho de barreira dos materiais metalizados varia com o peso do alumínio depositado e o seu grau de compactação. Fatores que afetam isso são: a temperatura, a distância do cadinho tipo barco do filme, o nível de vácuo, a temperatura do cadinho e a eficiência do resfriamento do cilindro gelado, bem como a natureza da superfície do filme.

capítulo 13 – embalagens flexíveis e outros materiais compósitos

123

Muitos esforços têm sido feitos para estabelecer algum método de definição do volume de metalização e, portanto, da qualidade de barreira dos materiais metalizados, usando o peso do alumínio por unidade de área, condutividade elétrica, e absorbância – esta é a mais rápida e simples, não é destrutiva e existe uma relação bem definida entre o desempenho de barreira e a absorbância, sendo, portanto, a mais utilizada.

Os plásticos metalizados têm sido também usados para produção de frascos e bandejas que, quando levadas ao forno de micro-ondas, podem gerar alto calor local, dando aos produtos uma textura seca e crocante. O fenômeno de partículas metálicas excitadas por irradiação de micro--onda é bem conhecido. O material absorvedor metalizado normalmente é aderido a uma placa mais grossa, como uma base para pizza, facilitando o manuseio. Temperaturas na superfície do absorvedor podem atingir 200 °C. Uma variante do uso do alumínio para metalização é o aço ino-xidável depositado a vácuo. É descrito que esse metal oxida a cerca de 200 °C, fornecendo então uma parada automática para prevenir superaquecimento. Uma parte da indústria nos Estados Unidos especializou-se nessa área oferecendo materiais para o setor de micro-ondas.

Uma alternativa para o processo de metalização direta é a transferência de metalização. Esta é uma variação em larga escala do processo de estampagem de um laminado metálico quente e foi desenvolvida para revestir materiais muito grossos e papel. Esses materiais criam dificuldade, devido à umidade que soltam sob condições de alto vácuo e aos curtos tempos de metalização dentro da câmara no caso de materiais grossos. No processo de transferência, uma tela transportadora (um filme fino de PET ou BOPP) revestida com um agente desmoldante é metalizada e a seguir revestida com uma laca. A camada metálica é então transferida ao substrato desejado, via rolo com lábio quente, após o qual a tela trans-portadora pode ser limpa e recoberta novamente em um novo ciclo.

A segunda área sobre novos tratamentos de superfície é deposição de vidro (sílica) em filmes plásticos para melhorar as propriedades de barreira. Há tempos tem sido possível realizar experimentos em laboratórios para revestir materiais planos com camadas extre-mamente finas de composto inorgânico, tais como óxido metálico e outros óxidos. Mais recentemente, trabalhos têm sido reportados sobre a deposição direta de vapor de óxidos de silicone (SiO_x) e nitritos de silicone por evaporação sob condições de alto vácuo, em uma técnica similar à metalização a vácuo. A formulação exata do óxido depositado varia entre SiO e SiO_2. Embora o último seja a forma quimicamente estável, isto não é sempre alcançado, daí a apresentação da fórmula como SiO_x, onde x é um número entre 1 e 2.

O PET é o substrato normal para SiO_x, mas PP, PS e náilon têm sido usados. Outros materiais são mais problemáticos, pois o SiO_x não pode ser evaporado na mesma taxa de evaporação do alumínio, borrifando e causando buracos no filme. Pesquisadores descobriram que um processo de deposição de vapor induzido por um plasma de gás a frio mostra ser mais promissor, especialmente para materiais sensíveis ao calor como PEBD e PP.

Tais revestimentos de vidro têm a vantagem de ser excelentes barreiras, transparentes, permitir o recozimento do alimento e recicláveis. O maior uso desses materiais é no Japão para o propósito de embalagem para líquidos, como molho de tomate ou molhos cremosos em *pouches,* que se mantêm em pé[4].

Uma camada extremamente fina de óxido de silicone, óxido de alumínio ou alumínio, desde que contínua, pode fornecer uma excelente barreira ao oxigênio e ao vapor de água, enquanto retém a flexibilidade do substrato de um filme fino (tal como PET). Filmes metalizados e revestidos de óxido de silicone, entretanto, podem desenvolver furos e perder algumas propriedades de barreira quando expostos à tensão física como dobra, inclusive durante o processo de conversão.

A exposição a altas umidades e temperaturas pode também reduzir o desempenho de barreira de filmes metalizados se o metal não for protegido adequadamente. Materiais revestidos de óxido de silicone não correm esse perigo. Como o cozimento do alimento após envase de *pouches* flexíveis é grande negócio no Japão, isto tem fornecido uma vantagem óbvia para revestimentos com vidro. Essa é uma área ativa, de pesquisa constante.

Tratamentos de superfície do plástico

A última categoria de modificação de uma superfície de plástico está baseada no tratamento químico das moléculas da camada superficial. Alguns tratamentos, como ataque químico, tingimento, limpeza e revestimentos acrílicos evaporados, são usados para preparar a superfície para ser ligada a outro material. Outros tratamentos são usados para mudar as propriedades de produtos plásticos acabados.

O mais conhecido desses tratamentos é a fluoridação, que converte as moléculas poliolefinas da superfície em uma variedade de compósitos contendo flúor da família exemplificada pelo PTFE (Teflon®). Este é um dos materiais inertes mais conhecidos e até a presença de uma fina camada superficial de tais materiais reduz drasticamente a capacidade de penetração de solvente pela superfície e a decorrente permeabilidade.

A técnica é relativamente simples para tratar frascos moldados a sopro: o gás flúor é misturado com nitrogênio para formar o gás de sopro na máquina de moldagem por extrusão a sopro, tratando, ao mesmo tempo, a superfície interna inteira. A perda de peso por permeação de solventes através das paredes do frasco plástico é reduzida de forma variada dependendo da natureza da solução, mas melhora muito para tetracloreto de carbono, pentano, hexano, heptano e xileno. As suas maiores aplicações são em embalagem para produtos domésticos, incluindo tintas e agrotóxicos.

O tratamento a chama, ou flambagem, é usado para melhorar a capacidade de impressão do frasco de plástico ou a capacidade do filme de aderir a outro material. O material, ou peça, é passado através da chama, que polariza a superfície, melhorando sua adesão à tinta e a capacidade para laminação ou metalização. Um enfoque similar é o tratamento por descarga corona que tem vida útil mais curta.

Aditivos para plásticos

Muitos materiais como plastificantes, estabilizantes e lubrificantes de processo são adicionados aos plásticos em quantidades variadas, podendo chegar a altas porcentagens. O propósito é melhorar o desempenho do material-base proporcionando uma propriedade adicional ou evitando uma tendência indesejável.

Cargas minerais, tais como argila, talco, carbonato de cálcio e dióxido de titânio, são também adicionadas aos plásticos para diminuir o custo. Elas reduzem a resistência à tração e ao impacto, mas podem aumentar a tenacidade e a faixa de temperatura utilizada.

capítulo **13** – embalagens flexíveis e outros materiais compósitos

125

Esta seção lista os principais tipos de aditivos que melhoram o desempenho dos plásticos, mas não entra em detalhes de suas formulações.

Aditivos de processamento

Aditivos de processamento são usados para inibir a degradação térmica, mudar a viscosidade de processamento e lubrificar o escoamento do plástico durante o processamento. Existem muitos agentes lubrificantes que promovem o escoamento suave do plástico fundido sobre as superfícies do molde e cavidades. Agentes desmoldantes facilitam a remoção de itens plásticos do molde sem mudar o desempenho do plástico.

Estabilizantes térmicos retardam a degradação durante o processamento a quente. Agentes de compatibilização melhoram a adesão entre as camadas do material. Agentes de expansão e agentes de espumação são usados para produzir materiais celulares. Um recente desenvolvimento torna possível a expansão seletiva de áreas definidas dentro de itens moldados por injeção depois de eles terem saído do molde.

Agentes catalisadores e agentes nucleantes controlam as reações que dão aos plásticos suas propriedades. Estes não são agentes de processamento, mas são partes integrantes do processo de manufatura do plástico. Como mencionado no Capítulo 6, catalisadores metalocênicos têm uma reputação crescente por serem capazes de produzir um PE mais uniforme (e outros plásticos) com melhores propriedades mecânicas de barreira.

Aditivos antiestáticos são usados em filmes de PE para reduzir a tendência dos filmes de grudar ou encanoar nos rolos, e também para facilitar a abertura de sacos para o envase. Os aditivos antiestáticos são também utilizados para reduzir a tendência por materiais plásticos para atrair pó de forma eletrostática.

Modificadores de propriedade mecânica e de superfície

Os plastificantes, por uma ação de lubrificação a nível molecular, amaciam os polímeros rígidos e os fazem mais flexíveis. Modificadores do impacto são elastômeros que melhoram a resistência ao impacto. Formulações de PVC, que é naturalmente quebradiço, normalmente contêm plastificantes e modificadores de impacto.

Aditivos antibloqueio e deslizantes previnem os filmes de grudarem neles mesmos. São necessários para alguns tipos de PEBD e PP, como também são aditivos para promover o desempenho oposto, agentes antideslizamento, para filmes de envolvimento com estiramento que têm o propósito de serem grudentos.

Plásticos eletricamente condutivos são usados para embalar alguns componentes eletrônicos para impedir danos contra descargas eletrostáticas. Alguns incorporam carbono para fazer o filme parcialmente condutivo e outros usam aditivos que atraem umidade para produzir um filme fino de umidade superficial, de maneira a deixar sair a carga da superfície assim que ela se forma. Existe uma pesquisa contínua do modo de se fazer alguns polímeros, como o poliacetileno, um condutor naturalmente elétrico.

Agentes retardantes de chamas são necessários quando existe perigo de fogo. A maioria dos plásticos é combustível; poliolefinas, PVC plastificado e PS expandido são os menos resistentes a chamas. Entretanto, a maioria dos retardantes de chamas é tóxica e eles deveriam ser usados somente quando estritamente necessários.

materiais para **embalagens**

Lâminas pequenas e finas de mica, um material naturalmente transparente, podem ser adicionadas para melhorar o desempenho de barreira. A DuPont incorporou estas lâminas em sua resina de barreira conhecida por Selar, que funciona como uma barreira de pequenos azulejos, obtendo-se um aumento de até seis vezes no desempenho de barreira ao adicionar-se 30% de mica ao copolímero barreira de EVOH. A Shell Chemical também patenteou o uso de 10-35% de mica em um terpolímero para ser utilizado em frascos multicamadas.

Modificadores de envelhecimento

Como os plásticos podem degradar na presença de oxigênio, ozônio, luz solar e agentes biológicos, existem aditivos para retardar o processo – ou acelerar a degradação, se a degradação for desejada.

Estabilizantes ultravioleta são importantes, pois a maioria dos plásticos (como PE, PP, PS, PVC e assim por diante) deterioram ou foto-oxidam na luz solar. Absorventes e estabilizantes ultravioleta são usados para fornecer proteção durante a exposição externa por períodos longos. Pigmentos e dióxido de titânio também podem fornecer proteção contra raios ultravioleta. Estabilizantes antioxidantes retardam a oxidação atmosférica e a deteriorização do plástico e são, por exemplo, largamente usados com PVC para prevenir a eliminação do ácido clorídrico. Agentes antiozonantes protegem contra a deteriorização provocada pelo ozônio.

Os bioácidos, algicidas, bactericidas e fungicidas inibem contra ataques biológicos e prolongam a vida do plástico.

Existem até aditivos que pretendem acelerar a degradação para controle de lixo ou para ajudar na decomposição em aterros sanitários. Deve-se observar que pouca degradação ocorre nos aterros sanitários modernos. É também importante observar que as duas condições – enterrado no solo e exposto à luz solar – são mutuamente exclusivas. Aditivos fotoiniciadores, como aditivos de complexos metálicos e copolímeros de monóxido de carbono e etileno, fazem com que as cadeias poliméricas se quebrem quando expostas à luz solar. Aditivos biodegradáveis, como amido, permitem que os plásticos sejam digeridos por micro-organismos quando enterrados no solo.

Modificadores de propriedade ótica

Agentes colorantes são usados para dar cor ao plástico. Alguns são sensíveis à temperatura, então, nesse caso, eles devem ser compatíveis com a temperatura de processamento. Alguns incluem metais pesados (chumbo, cádmio, mercúrio etc.), que são tóxicos. Estes são, na maioria, sujeitos à legislação particularmente para embalagem para uso alimentício.

Barreiras à luz ultravioleta são algumas vezes necessárias para embalagem de produtos sensíveis à luz. No passado, muitas dessas barreiras envolveram a adição de um composto de cor âmbar para filtrar o comprimento de onda específica que causa dano. Desenvolvimentos recentes no Japão incluem o uso de finas partículas de óxido de zinco (30-50 nm) feitas pela Sumitomo e o uso de traços de um derivado do ácido dicarboxílico naftaleno para os mesmos propósitos.

Ligas e blendas poliméricas

A distinção entre ligas e blendas poliméricas não é clara no mundo dos plásticos, como o é no mundo dos metais, mas essa é uma área de constante desenvolvimento em plásticos.

capítulo **13** – embalagens flexíveis e outros materiais compósitos

Estima-se que o mais alto crescimento na área será no Japão, e os materiais que mais comumente se espera surgir são PET, policarbonato e poliacrilato (alta resistência, estável a raios ultra-violeta, plástico muito tenaz que é utilizado em aplicações automobilísticas, segurança, construção externa e iluminação).

Como discutido anteriormente para as aplicações, o principal objetivo é criar materiais de alta barreira, melhorar a tolerância ao calor ou reduzir o uso de material. Diferentes resinas de um único polímero são normalmente misturadas; por exemplo, PELBD e PEBD foram originalmente misturados para otimização de custo quando o custo do PELBD era alto.

Algumas blendas envolvem o uso de agentes de compatibilização que funcionam como adesivos dispersos. Outras dependem da afinidade natural entre materiais ou que funcionam como simples armadilhas aprisionando um material na matriz de outro. Um benefício particular das blendas é que elas podem ser coextrudadas com polímeros que são compatíveis com somente um dos seus constituintes.

As blendas que contêm policarbonato, poliamida e poliéster são as de maior crescimento[5]. A nova blenda que vale a pena ser notada é PET/PEN, usada para fazer garrafas de dose única para bebidas não alcoólicas e cerveja. O PEN melhora de forma econômica o desempenho térmico e propriedades de barreira sobre o PET nas garrafas pequenas de paredes finas e espera-se que ganhe fatias de mercado das garrafas de vidro e das latas de alumínio[6].

Outras blendas novas incluem: uma nova barreira ao oxigênio feita da blenda de EVOH e PELBD que tem um custo muito mais baixo que o EVOH sozinho e é usada para embalar carnes[7], e blendas PPO/PS para serem usadas em *pouches* de recozimento e bandejas que possam ser levadas ao micro-ondas[8]. Aplicações japonesas incluem blendas de poliamida adicionada a ligas de EVOH e EVOH/PET, o que fornece boa barreira ao gás e supera alguns dos problemas na utilização de EVOH sozinho[9].

Estruturas compostas de papelão-metal

Além da combinação de materiais baseados em plásticos, existe um outro grupo de embalagens feitas pela combinação do papelão e metal com outros materiais.

A fibro-lata pode ser um bom exemplo, combinando um tubo espiralado de papelão (que pode ter uma camada interna de plástico ou alumínio) com as pontas de folhas-de-flandres ou alumínio. As latas de compósitos podem ser altamente decorativas por causa do papel e podem ser impermeáveis e reter líquido.

O mais numeroso desses compósitos é uma variedade de caixas de papelão que retêm líquido e derivam diretamente do setor flexível, tipo *form-fill-seal,* como um material, mas devem muito à indústria de caixas pelas suas formas. Todos os compósitos são baseados no papel, que representa no mínimo 80% da massa. Eles são dependentes no mínimo de uma camada de termoplástico para fornecer soldabilidade e retenção de líquido. Onde é necessário alto desempenho, também incorporam uma camada de folha de alumínio.

Alguns poucos fornecedores dominam este mercado. A Tetra Pak da Suécia é o maior deles, produzindo o material e equipamentos tipo *form-fill-seal* assépticos. O material é tanto fornecido em rolos como em placas pré-cortadas. A exata construção do material usado varia entre as diferentes companhias, parcialmente com respeito ao produto para o qual ele está sendo usado. Embora tenham existido aplicações fora da alimentação – óleo para motor é uma delas –, a maioria dessas caixas é para alimentos líquidos, principalmente leite e bebidas assépticas, semilíquidos e molhos.

A construção asséptica mais comum é PE/papel kraft/adesivo/folha de alumínio/adesivo/PE. As duas camadas mais internas coextrudadas de PEBD são selecionadas de maneira que a camada em contato com o alumínio tenha adesão mais alta possível e a superfície em contato com o alimento tenha a menor propensão possível de contaminação. O papel kraft é usado, pois é o melhor em custo-benefício em relação à resistência do material. A descoloração custa caro, reduz a resistência e agride mais o meio ambiente. Um acabamento branco é obtido por um revestimento com argila na superfície.

Sistemas de caixas para líquidos podem ser tão grandes quanto 2 litros ou tão pequenos quanto 10 ml. As caixas são geralmente na forma de um tijolo, e algumas têm tampas plásticas especiais.

Uma caixa similar para produtos secos é feita de papel, folha de alumínio e polietileno. Um exemplo é o Cekacan da Akerlund e Rausing utilizado para produtos sensíveis, tais como chá, café e amendoim.

Outro importante grupo de frascos feitos de compósitos é o das bandejas de plástico termoformado com papelão. O papelão dá firmeza aos contêineres. O mais conhecido destes é o Tritello da Akerlund e Rausing, que é usado para margarinas e saladas geladas. Ele consiste de uma placa de papelão entalhada e pré-cortada inserida dentro de um molde, onde é fundida em um formato termoformado. Pode ter uma folha de alumínio para fornecer uma barreira leve. Em algumas aplicações especiais, retalhos de alumínio podem ser incorporados para prevenir pontos de superaquecimento do micro-ondas.

Diferentemente destes, principalmente em grau, são os recipientes termoformados de paredes finas com uma camada de papel interna, em que o papel fornece rigidez para as paredes do recipiente.

Algumas latas de plástico de três peças, feitas de tubos de PET com pontas de alumínio, têm sido desenvolvidas. Entretanto, essas latas estão sendo abandonadas pelo alto custo e pela não reciclabilidade. A "lata" PET de duas partes, com acabamentos de alumínio, é, todavia, ainda de uso limitado.

A maioria das embalagens de multimateriais como estas usa uma quantidade mínima de material na otimização das funções da embalagem. Algumas, quando comparadas com garrafas ou latas que elas substituem, têm um impacto baixo quanto a poluição do ar e água, consumo de energia e volume de lixo, e podem ser descartadas por incineração.

Entretanto, as estruturas multimateriais têm algo de descrédito nas discussões quanto a embalagens ambientalmente corretas, pois não estão prontas (de imediato) para a reciclagem. No Japão, uma barreira biodegradável ao oxigênio está sendo desenvolvida para substituir a camada de alumínio. As barreiras ao dióxido de silicone, por exemplo, são muito finas e se fragmentam completamente quando o substrato é reciclado. Existe uma demanda urgente para este tipo de embalagem no Japão e outros países por causa das novas leis da reciclagem das embalagens, fazendo com que as embalagens de bebidas sejam obrigatoriamente recicláveis[10].

14

materiais
auxiliares

Adesivos

Os adesivos modernos vêm de um longo caminho, da cola feita de produtos animais e dos primeiros tipos simples com base amido usados em embalagem. Embora os adesivos com base amido sejam ainda usados em um grande número de aplicações, eles foram, nos últimos 50 anos, gradualmente substituídos por materiais sintéticos.

Adesivos naturais com base água

Adesivos com base amido feitos com amidos e dextrina (amidos modificados) são utilizados para colar papel. O maior uso é para unir placas onduladas de papel. Outros usos são para a soldagem de caixas, contêineres para transporte e rótulos de latas.

Adesivos com base amido são econômicos, fáceis de usar e fáceis de limpar após o uso. Eles têm excelente adesão ao papel e uma ótima imagem quanto ao meio ambiente, pois são naturais. Entretanto, secam devagar por causa da alta concentração de água.

Dois adesivos naturais à base de água são feitos de proteína animal. A cola animal feita de ossos e pele é usada para fazer caixas de papelão rígido e adesivo reumedecido para fita adesiva ao papel. A caseína feita do leite é usada para rotulagem de garrafas de vidro em aplicações úmidas de alta velocidade, por exemplo, para garrafas de cerveja. É também fácil de remover quando as garrafas são retornadas.

O látex de borracha natural é extraído de seringueiras. É o único sistema adesivo que se liga com ele mesmo sob pressão. É usado em adesivo látex de soldagem a frio que é utilizada para substituir as soldas a quente em aplicações tipo *form-fill-seal*, tal como para confeitaria. Esses materiais tornaram possíveis as principais melhorias na velocidade das máquinas, já que o pouco tempo necessário para o calor passar através da espessura de um substrato e derreter a camada soldável normal não é mais necessário. Além do mais, materiais sensíveis ao calor e produtos que poderiam ser imediatamente embalados em equipamentos de solda a quente são agora apropriados para outras aplicações.

materiais para **embalagens**

Tais adesivos de solda a frio são aplicados como um revestimento pelo convertedor do material. Eles fornecem juntas adesivas não destacáveis ou, se desejado, irão destacar de forma completa da superfície de um substrato. É necessária muita atenção no armazenamento desses materiais, pois são afetados pelo calor e pela exposição ao ar.

Adesivos sintéticos com base água

Adesivos de poli(acetato de vinila) (PVA) são os adesivos de embalagem mais largamente utilizados. Uma forma é a cola "branca", doméstica, segura para ser usada mesmo pelas crianças; elas são com base água, fáceis de usar, limpar e são baratas.

As propriedades dos adesivos PVA podem ser manipuladas para diversas aplicações. Eles são formulados para diferentes substratos incluindo papel, vidro, metais e alguns plásticos (embora adesivos com base água, geralmente, não funcionem muito bem em plásticos). Os maiores usos são para soldagem de caixas e no corpo de latas compósitas feitas de forma espiral.

Os adesivos PVA são os adesivos à base água que secam mais rápido, portanto são usados para produção de alta velocidade. Eles são tenazes a quente e a frio e podem ser feitos resistentes à umidade. Seu leque de utilização tem sido estendido à medida que novas formulações se tornam disponíveis. A copolimerização de PVA com etileno ou ésteres acrílicos tem melhorado grandemente a adesão, especialmente para plásticos e revestimento de alto brilho.

Adesivos termoplásticos

Adesivos fundidos a quente estão sendo cada vez mais utilizados em aplicações para embalagem em alta velocidade, em que a junção é instantânea facilitada pela ausência de solvente. Eles são feitos de um polímero termoplástico, normalmente EVA, composto com uma cera ou uma resina pegajosa.

A fusão a quente é o modo de fixação mais rápido do adesivo. Aplicada em um estado fundido, ela forma uma junção enquanto resfria e se solidifica. A fusão a quente pode ser formulada para aderir quase a qualquer superfície e pode até preencher espaços vazios. Não existe solvente e são ambientalmente benignos no sentido de não emitirem solventes no ponto de uso. Eles são, entretanto, um problema em qualquer programa de reciclagem.

Outros polímeros além do EVA também podem ser usados. Polímeros com base polietileno de fusão a quente são mais econômicos e são adequados para algumas aplicações de colagem de papel (como solda para caixas e sacolas de papel de multiparedes costuradas/soldadas). A fusão a quente com base PP, poliamidas, poliésteres e copolímeros em bloco de estireno-butadieno ou estireno-isopreno é usada para aplicações especializadas.

Os revestimentos de solda a quente, aplicados ao papel, são reativados pelo calor (seja direta ou induzidamente em uma camada metálica por ultrassom) em uma operação subsequente. Eles são utilizados para aplicar soldas internas e rotular garrafas e potes e soldar *blisters*, envelopes e sacolas abertas multiparedes.

Adesivos sensíveis à pressão

A superfície de um adesivo sensível à pressão é um líquido com viscosidade muito alta que fornece junção instantânea para quase qualquer superfície. O principal uso é para rótulos sensíveis à pressão e fitas adesivas, descrito nas próximas seções.

capítulo **14** – materiais auxiliares

Alguns adesivos com base solvente, como resinas de borracha, são ainda usados para adesivos sensíveis à pressão, embora esta seja a menor classe de adesivos e de mais rápido declínio. Outros adesivos, tais como elastômeros e adesivo acrílico com base água, têm substituído os demais na maioria das aplicações por razões de custo e considerações ambientais. Para as aplicações de maior demanda em embalagens flexíveis, o adesivo de poliuretano de dois componentes permanece o mais eficaz.

Fitas adesivas

A fita tradicional de cola sobre uma base de papel, com o adesivo ativado à água, que por tanto tempo foi a base no mercado de fechamento de caixas, tem sido bastante substituída por fitas plásticas sensíveis à pressão na maioria das aplicações.

Fitas de papel com cola podem ser muito reforçadas com a adição de fibra de vidro contínua, fornecendo excelente resistência à ligação da fibra. Entretanto, sua eficácia depende muito do cuidado com que elas são aplicadas. Superfícies que são muito absorventes podem secar a umidade muito rapidamente, levando a um enfraquecimento da ligação. A sua resistência de adesão também é danificada se ficar muito seca antes da aplicação ou se for aplicada com pressão insuficiente.

Fitas sensíveis à pressão agora dominam o mercado de fechamento de caixas. O substrato mais comum é polipropileno biorientado, mas o poliéster, o PVC não plastificado e o papel também são usados. A maioria dos adesivos é com base na borracha e numa resina de pegajosidade, porém a tendência é o maior uso de adesivos de emulsão acrílica (base água).

A impressão personalizada de fitas sensíveis à pressão, antes somente possível para clientes que desejam fazer grandes pedidos, é agora muito mais acessível para usuários de menor porte. A principal razão é que o adesivo com base acrílica em fitas PP não tem os mesmos problemas de soltar como os adesivos com base borracha em PVC. Isto, por sua vez, reduz a necessidade de usar tintas à base de tolueno para atravessar o revestimento de soltura, e permite o uso de equipamentos e de tintas de impressão mais simples, com a correspondente economia em custo.

A fita impressa pode adicionar segurança a caixas soldadas e existe muito refinamento para este elemento de segurança. Uma é a impressão de mensagens invisíveis por tintas lidas somente sob luz ultravioleta. Outra, desenvolvida no Japão, é baseada em um material não aderente (para prevenir adesão) impresso em áreas selecionadas antes de serem revestidas com pigmento adesivo. No uso, quando a fita é removida, o adesivo separa seletivamente, deixando a mensagem possível de ser lida no adesivo pigmentado sobre o contêiner ou caixa.

Fitas de filamentos reforçados, sensíveis à pressão, têm fibra de vidro para reforço ou outros materiais fibrosos inseridos no adesivo. São usadas quando é necessária alta resistência, por exemplo, para manter fixas as camadas de cima de uma carga em palete.

Tintas

Todas as tintas para impressão consistem de um corante (pigmento ou tintura), uma substância que age como um aglutinador para o corante, um formador de filme, tal como

materiais para **embalagens**

uma resina, um verniz ou um polímero, e um líquido dispersante que pode ser água, solvente, óleo ou monômero.

Tintas com base solvente contendo um solvente orgânico aderem bem a todos os substratos e secam rapidamente, mas, como os adesivos com base solvente, elas produzem fumaça tóxica e são inflamáveis. Impressoras que lançam na atmosfera solventes de tinta evaporados não são mais permitidas, pois é relativamente difícil recuperá-los por condensação por causa de sua baixa temperatura de evaporação.

As tintas com base água têm sido usadas por muito tempo para impressão em papel e papelão e seu uso está crescendo por causa da preocupação com a poluição do ar. Contudo, as tintas com base água têm seus pontos fracos: secam mais lentamente e são mais difíceis de usar em superfícies plásticas, e até tintas com base água contêm algum solvente ou álcool. Esses problemas são assunto para pesquisa e desenvolvimento.

A viscosidade da tinta deve ser cuidadosamente ajustada para cada aplicação. As tintas para impressão em rotogravura possuem solventes fortes para melhorar a adesão; tais tintas iriam amolecer as placas usadas para impressão flexográfica. Tintas para flexografia devem ser capazes de fluir dentro e fora das minúsculas incrustações sobre o rolo impressor (*anilox*). Tintas para rotogravura são mais espessas que as para flexografia.

É essencial que as tintas sejam em um momento muito úmidas e que fluam e no próximo momento sequem. O método mais comum de secagem para impressão de embalagem é por evaporação do solvente e/ou água. O processo de secagem é caro; ele necessita de tempo e calor e causa poluição do ar. A secagem e cura de tintas é outra área ativa de pesquisa e desenvolvimento.

Uma importante tendência de hoje é a rápida aceitação de tintas curadas por ultravioleta. Elas usam luz ultravioleta ou feixes de radiação de elétrons (EB) para polimerizar e curar em vez de secar. São baseadas em poliésteres ou formulações acrílicas de baixa massa molar que polimerizam rapidamente quando irradiados.

A cura induzida por radiação é rápida, sendo completada em uma fração de segundo enquanto a impressão está ainda na prensa. As tintas têm melhor resistência química e melhor resistência ao envelhecimento ambiental do que tintas convencionais e desempenham bem em uma variedade de substratos, notavelmente materiais revestidos porosos e irregulares. São usadas em impressão flexo, rotogravura, *screen* e jato de tinta. As tintas curadas por ultravioleta contêm um mínimo de material volátil e não causam poluição do ar, mas existem preocupações com segurança; trabalhadores devem se proteger por inteiro dessa radiação.

A maior necessidade para impressão por jato de tinta é que as tintas não devem entupir os minúsculos poros na impressora. As tintas por jato de tinta se parecem mais com tintas para escrita do que tintas para impressão; contêm anilinas em vez de pigmentos, que são dissolvidas em água ou glicol.

Existem muitas tintas reativas novas com propriedades especiais que têm aplicações em embalagem[11]. Elas fornecem um benefício extra além da transmissão da mensagem impressa e ilustrações. Por exemplo, as tintas termocrômicas têm sido usadas com a finalidade de indicar a temperatura de um produto alimentício. Alguns têm uma cor no ponto de mudança, outros têm duas ou mais. Alguns usos são mera novidade, como desenhos em xícaras que mudam

capítulo **14** – materiais auxiliares

quando enchidos com bebidas quentes ou frias. Elas são também usadas em embalagens médicas para confirmar que estas atingiram a temperatura de esterilização e também para monitores de tempo/temperatura para indicar o abuso de temperatura do alimento, como descrito na seção subsequente. Tintas sensíveis à umidade podem ser usadas para monitorar condições climáticas de produtos sensíveis à umidade.

Uma aplicação importante para tintas reativas é seu uso em segurança. A maioria é baseada na exposição à luz ou a um campo magnético. Tintas fotocromáticas mudam de cor quando expostas à luz e podem mostrar se uma embalagem foi aberta ou danificada. Tintas que são acionadas pela luz que mudam, aparecem ou desaparecem quando iluminadas por uma radiação com comprimento de onda definido oferecem a oportunidade de mudar a mensagem para mostrar que alguma operação como compra, submontagem ou vencimento foi completada. Tintas invisíveis (que podem ser lidas por ultravioleta) podem ou ser lidas por uma larga faixa de comprimentos de onda ou ser formuladas especialmente para responder somente à luz com comprimentos de ondas definidos.

Tintas magnéticas são lidas por máquinas e poderiam substituir o código de barras ótico. Existem também aplicações de segurança em que o campo de etiqueta magnética é colocado pelo produtor para acionar um alarme se o produto é roubado e o alarme é cancelado no caixa da loja. Etiquetas magnéticas de segurança são descritas em maior profundidade na seção subsequente.

Tintas especiais de segurança também podem ser formuladas usando-se compostos químicos, enzimas e materiais microbiológicos, tais como os anticorpos, que são extremamente específicos e podem ser usados para autenticar produtos que podem ser copiados ilegalmente.

Materiais para rótulos

Os rótulos ou etiquetas, que antes não passavam de um pedaço de papel grudado em um embrulho, são agora capazes de ter muito mais funções do que meramente carregar informação. Os materiais dos quais eles são feitos são também selecionados dentro de uma variedade muito maior de opções.

Rótulos de papel

Rótulos ou etiquetas com base papel são ainda a base da indústria. O papel é normalmente o material mais econômico para rótulos e pode ser impresso usando qualquer processo.

O rótulo convencional molhado com cola é largamente utilizado para itens de grande volume, mas a proporção de utilização do autoadesivo continua a crescer. Rótulos autoadesivos podem utilizar adesivos permanentes, muito frequentemente usados para identificação de embalagem, ou adesivos temporários que podem ser facilmente removíveis, tal como aquele usado para informações em pontos-de-venda em gôndolas.

Etiquetas plásticas

Apesar de o polipropileno biorientado ser o material plástico mais comum em etiquetas, a maioria dos filmes plásticos e laminados pode ser impressa, podendo ser usados como base de rotulagem.

As propriedades das etiquetas plásticas são geralmente modificadas para dar a elas muitos dos atributos físicos do papel enquanto as previnem contra a instabilidade à umidade (frequentemente causando enrolamento nas máquinas de aplicação de etiquetas). O BOPP cavitado tem toque como o do papel e oferece benefícios em custo e produção, pois sua densidade é baixa. Um benefício adicional é a capacidade do BOPP de ter maior estiramento que o papel; isto é importante quando é usado para rótulos que contornam garrafas PET para bebidas carbonatadas, em que a garrafa expande um pouco com o tempo e pode rasgar a etiqueta de papel, que não é capaz de acompanhar o estiramento. O poliestireno carregado com materiais minerais, tais como talco ou dióxido de titânio, tem propriedades de manuseio muito similares a um papel de alta qualidade.

Muito do interesse em substratos sintéticos para etiquetas foca no assunto da reciclagem de plásticos. Os contêineres plásticos com etiquetas de papel não podem ser reciclados de forma econômica, pois o papel contamina o plástico recuperado. Essa limitação é superada utilizando-se etiquetas plásticas que são compatíveis com o material dos contêineres, por exemplo, etiquetas de BOPP com garrafas de poliolefinas.

A maioria dos rótulos de plástico é sensível à pressão. Etiquetas sensíveis à pressão são vendidas fixas a um papel com revestimento que se solta (antiadesivo), puxado quando a etiqueta é aplicada. Embora mais caros do que as etiquetas regulares, tais rótulos eliminam a necessidade de uma posição para cola, são rápidos de serem mudados e são fáceis de contar e rastrear (benefício especial para embalagens farmacêuticas).

A maioria dos desenvolvimentos técnicos nos últimos anos está focada na redução de custo de etiquetas sensíveis à pressão. Adesivos com base água, principalmente do tipo acrílico, têm sido adotados por razões ambientais, e materiais de custo mais baixo foram desenvolvidos.

Como o papel porta-adesivo com revestimento antiaderente (normalmente silicone) não é nem recuperável nem reciclável, muitos esforços têm sido feitos para desenvolver revestimentos que se soltam melhor, aplicados a um lado dos rótulos autoadesivos sem papel porta-adesivo. Isto envolve revestir a superfície impressa da etiqueta com um material que se solta, como o silicone, deixando as etiquetas em uma forma não cortada no cilindro. As etiquetas que são enroladas são similares a uma fita impressa. Em uma máquina de engarrafamento, um estampador é usado para cortar sob pressão as formas solicitadas. Este sistema é mais apropriado para aplicações em que é utilizado um formato-padrão de etiqueta (não necessariamente um desenho-padrão). Houve tentativas de alimentar as etiquetas pré-cortadas de um bloco, mas isso não é largamente utilizado.

Equipamento especial é necessário para aplicar etiquetas termoencolhíveis feitas de PVC, PET, PS e BOPP e etiquetas estiráveis feitas de PEBD, PP e PVC. As etiquetas tipo camisas termoencolhíveis foram primeiro usadas no Japão nos anos 1970. Elas tomam a forma de camisas pré-moldadas e impressas, vestidas sobre o corpo do frasco, que então são termo--encolhidas (quase que exclusivamente ao redor do corpo do frasco) passando por um túnel aquecido. Os benefícios são que gravações de alta qualidade são possíveis, a impressão é protegida de riscos e rasgos, a garrafa ganha proteção contra arranhões (especialmente importante para garrafas de vidro) e garrafas com formas relativamente complexas podem ter etiquetas em todo o seu redor. Fazendo com que a camisa agarre sobre o fechamento, consegue-se também a impressão de que o conteúdo não foi adulterado.

capítulo **14** – materiais auxiliares

O plástico tornou possível que etiquetas tivessem texturas decorativas especiais. O PET, PS e BOPP estão sendo cada vez mais usados nas formas transparentes, jateadas, pigmentadas e peroladas.

Os hologramas do tipo utilizado em etiquetas (ou laminados para materiais de embalagem) são produzidos contendo uma imagem dentro da superfície de um substrato usando calor ou pressão e/ou radiação ultravioleta. Algumas aplicações usam duas imagens fotográficas que mostram dois momentos em uma ação para, por exemplo, ilustrar o uso do produto etc.

Contrariamente à impressão tradicional, não é empregada tinta em impressão holográfica. As cores são derivadas da difração de luz da superfície; um processo similar é empregado para embutir modelos de difração nos materiais de embalagem. A maioria dos materiais de embalagem portados sobre um substrato pode servir como substrato, mas o BOPP é o mais comum.

O outro principal desenvolvimento técnico foi o uso de etiquetas dentro do molde: uma etiqueta impressa, revestida no verso com um adesivo sensível ao calor, é colocada dentro de um molde, no qual o frasco plástico será produzido. O plástico quente faz com que a etiqueta adira firmemente sobre a área por inteiro, sem perda nos cantos. O sistema pode ser usado com moldagem por injeção, extrusão a sopro, moldagem por injeção e estiramento, e termoformagem. Para termoformagem, uma etiqueta de papel é normalmente usada para dar tenacidade à parede; algumas embalagens de iogurtes e doces são produzidas desta maneira.

Substratos para rotulagem das garrafas dentro do molde podem ser feitos dos materiais mais utilizados para etiquetas: papel ou alumínio, mas a maioria é de plástico, incluindo os tipos transparentes. É até mais importante que essas garrafas e materiais de etiqueta sejam compatíveis para reciclagem, já que uma parte importante na economia da fabricação de garrafas é ser capaz de ser reprocessada na própria planta produtora. Além do mais, os materiais se misturam melhor quando são idênticos ou similares.

Outros materiais são usados para aplicações especiais. Papéis solúveis oferecem alguns benefícios em sistemas de garrafas retornáveis, ao passo que, para situações de alto desempenho, tais como produtos químicos perigosos, são utilizadas poliolefinas tenacificadas como fibras, como Tyvek. Etiquetas comestíveis feitas de colágeno natural são usadas para etiquetar carnes. O papel de alumínio pode ser impresso, mas é quase sempre necessário laminá-lo a uma folha de papel de maneira que as etiquetas funcionem em máquinas de etiquetagem.

Etiquetas inteligentes

Etiquetas inteligentes podem fazer chamadas em residência, alertar segurança ou ler temperatura. Existe um crescente número de etiquetas que são empregadas para tarefas específicas na cadeia logística.

Identificação por radiofrequência (do inglês RFID) é um método de coletar dados automaticamente que "lê" uma etiqueta por frequência de rádio a uma certa distância. As etiquetas por frequência de rádio podem ser lidas em uma variedade de circunstâncias, não necessitando do uso da visão por parte do leitor e da capacidade de ler múltiplas etiquetas simultaneamente.

As etiquetas são carregadas por bateria e podem ser passivas (somente ler) ou ativas. As etiquetas ativas permitem que o usuário programe novas informações, tais como uma

136

materiais para **embalagens**

mudança no produto ou um status de localização. Elas têm a capacidade de carregar e atualizar uma base portátil de dados.

As etiquetas *transponder* por frequência de rádio consistem de um microchip e uma antena enrolada. Elas podem ser feitas com diferentes sistemas de transmissão de sinais e formatos codificados. Por exemplo, sistemas com base magnética são os sistemas mais comumente usados hoje, principalmente para etiquetas em animais, etiquetagem em garrafas de gás, identificação de chaves de automóveis e automação de fábricas. A distância de leitura de sistemas magnéticos é limitada a poucas polegadas. Campos elétricos e sistemas com base em micro-ondas têm uma distância de atuação maior e são usados para linhas de trem ou pedágios rodoviários.

Os sistemas de observação de artigos eletrônicos são usados principalmente na indústria do varejo para detectar roubo. Uma etiqueta colocada no produto ativa um sensor quando o produto passa pelo caixa e só é desativada quando removida ou mesmo desativada pela pessoa do caixa.

Atualmente, três tecnologias são usadas. A primeira são sistemas magnéticos que ativam uma fita de material magnético emitindo uma frequência acústica (acústico-magnética) ou um pulso de energia (eletromagnético) que pode ser detectado; a segunda são sistemas de frequência magnética e de rádio, tais como aqueles discutidos acima, e são relativamente baratos, podendo ser colocados de forma permanente no produto ou em sua embalagem; e a terceira é formada por etiquetas de micro-ondas. Estas são mais caras e são removidas pelos funcionários de lojas, mas são reutilizáveis.

As etiquetas podem ser aplicadas pelo varejista, pelo produtor do produto ou pelo produtor da embalagem. Elas podem estar dentro do pacote, na superfície ou penduradas a ele.

Indicadores de tempo/temperatura são usados para monitorar as condições de armazenamento de alimentos gelados ou congelados, bem como produtos médicos refrigerados, como vacina e sangue. Nas suas formas mais simples, eles são etiquetas impressas com ceras de baixo ponto de fusão que amolecem e se espalham a uma temperatura fixa. Outras causam mudanças em ceras microencapsuladas com baixo ponto de fusão. Ambos os tipos fornecem a informação apenas uma vez, mostrando que a embalagem foi exposta por algum tempo a temperatura acima do limite.

Tecnologias de indicadores de tempo/temperatura mais sofisticadas conseguem mudanças de cor usando polimerização e reações de enzimas[12]. Por exemplo, LifeLines Technology oferece etiquetas autoadesivas na forma de um alvo. O centro sensível do polímero, que escurece com exposição acumulativa à alta temperatura, é circundado por um anel externo de referência que fornece aos consumidores uma medida do grau de frescor do produto gelado.

A necessidade de monitorar a temperatura durante a distribuição de produtos é cada vez maior. Como os cientistas de alimentos continuam a desenvolver modificações atmosféricas (descritas a seguir) e técnicas de conservação parciais, a necessidade por distribuição refrigerada e controle de temperatura continuará a crescer.

Agentes de atmosfera modificada (ATM)

Tecnologias ativas de material de embalagem podem estender a vida de prateleira de alimentos frescos ou parcialmente cozidos e outros produtos sensíveis[13]. Elas são geralmente usadas para controlar a quantidade de oxigênio ou umidade dentro dos pacotes selados ou

capítulo **14** – materiais auxiliares

137

diminuir o crescimento de micro-organismos. O pacote deve ser totalmente selado e ter propriedades de barreira adequadas, caso contrário o agente simplesmente absorverá o ar externo até ser consumido.

Filmes plásticos que controlam a respiração dos alimentos são também chamados de embalagens ativas. Esses filmes são usados em embalagens para modificar (ATM, do inglês MAP – *Modified Atmosphere Package*) ou controlar (ATC, do inglês CAP – *Controled Atmosphere Package*) a atmosfera dentro da embalagem com suas propriedades seletivas de barreira. No MAP/CAP, o volume não preenchido dentro da embalagem é modificado fazendo-se vácuo e adicionando-se a composição de gás desejado ou por alguma outra tecnologia modificadora de atmosfera. Por exemplo, muitos alimentos são sensíveis ao oxigênio (e ainda o produzem quando os produtos deterioram) e, sendo embalados em embalagens permeáveis ao oxigênio, pode-se reduzir o oxigênio no volume não preenchido dentro da embalagem, aumentando sua vida de prateleira. Deve-se observar que há uma grande variação do nível crítico de oxigênio dependendo do tipo de alimento, e que depois de um ponto de baixa concentração de oxigênio (ao contrário do dióxido de carbono, que é alta), podem acelerar-se a deterioração e o crescimento de patogenias anaeróbicas. É importante determinar este ponto crítico quando embalagens são modificadas especificamente visando controlar a oxidação.

Dessecantes

Dessecantes que absorvem água do ar dentro de um frasco são os agentes modificadores de atmosfera mais largamente usados. A maioria é feita de cristais de sílica gel embalada em pequenos sachês porosos.

O principal uso é para proteger equipamentos de aço da ferrugem durante condições de exportação em alta umidade, por um período longo, dentro de engradados de madeira, forrados com PE. Sachês menores são usados para produtos farmacêuticos secos e alimentos, tais como *snacks*, *crisps* e leite seco, em que a concentração de umidade baixa é crucial. Uma função similar é desempenhada em embalagens de carne e peixe usando um grande travesseiro cheio de propileno glicol ou terra diatomácea. O travesseiro absorve água e inibe que a bactéria cresça, o que aumenta a vida de prateleira por vários dias.

Quando utilizado com produtos alimentícios, deve-se ter uma rotulagem adequada para indicar que o sachê não deve ser ingerido. Em alguns casos, o sachê é colocado dentro da parede da embalagem mais interna para prevenir ingestão acidental. Outro exemplo é o uso de alumina ativa incorporada em tampas para alguns usos farmacêuticos.

Dessecantes têm uma capacidade finita de absorção (embora a sílica gel possa ser reutilizada ao ser secada por aquecimento). Cuidado deve ser tomado quando são utilizados dessecantes (ou qualquer outro agente modificador de atmosfera) para assegurar que a quantidade de umidade selada dentro do produto no momento da embalagem não exceda a capacidade de absorção do dessecante usado.

Agentes refrescantes

Os japoneses têm sido muito ativos no desenvolvimento de agentes refrescantes. Eles são produtos químicos, também embalados em pequenos sachês dentro das embalagens seladas ou colocadas na superfície de um filme, que, de maneira reativa, modificam a atmosfera. Três exemplos são: sequestradores de oxigênio, de etileno e agentes antimicrobianos.

138 materiais para **embalagens**

Os mais importantes são os sequestradores de oxigênio, que absorvem oxigênio do espaço vazio dentro da embalagem para prevenir ou ao menos retardar as reações de oxidação que levam a estragar o alimento. Os mais conhecidos são feitos de pó de ferro que enferruja (dentro do seu sachê) e consomem o oxigênio disponível no processo. Para eliminar a aparência de ferrugem que estes algumas vezes podem mostrar e também para prevenir problemas de rejeição quando detectores de metal são usados na linha de embalagem, alguns outros produtos químicos podem ser empregados, como ácido ascórbico (vitamina C). Eles são mais usados para alimentos secos, já que a atividade da água limita a sua eficiência. Do mesmo modo, polímeros oxidáveis foram desenvolvidos. Eles têm um composto metálico, enzima ou outro ingrediente sequestrador no plástico que absorve oxigênio.

Outro enfoque para o controle de oxigênio é usar um sachê ou filme para controlar (aumentar ou diminuir) o dióxido de carbono. Um nível alto de dióxido de carbono é desejável para alguns alimentos como carne, pois ele inibe o crescimento de micróbios. Um nível baixo de dióxido de carbono pode também ser desejável; por exemplo, um sachê contendo uma mistura de ferro e hidróxido de cálcio que absorve oxigênio e dióxido de carbono tem sido utilizado para embalar café moído na hora em embalagens flexíveis, mais do que triplicando a vida de prateleira.

Outros agentes refrescantes incluem absorvedores de etileno que retardam o processo de degradação do produto fresco. Por exemplo, sachês contendo sílica gel com permanganato são usados para muitas frutas, especialmente kiwis. Há também sachês que transmitem inibidores de micróbios, tais como etanol ou sorbato.

Relacionados a estes são os materiais de filmes plásticos oferecidos no Japão que contêm sílica moída, muito fina, e outros materiais orgânicos como um absorvedor de odor. Os materiais que alardeiam esta propriedade são vendidos para consumidores para uso em refrigeradores, sendo também usados por produtores de alimentos para eliminar odores. Pelo menos uma empresa japonesa produz uma variedade de bandejas termoformadas feitas de uma poliolefina carregada com sílica que eles reinvidicam ser capaz de retardar a maturação.

A deterioração por micróbios é um problema de superfície de alguns alimentos, como pães, queijos e produtos de peixe semissecos. Agentes antimicrobianos como o etanol ou o dióxido de enxofre, incorporados em um filme ou sachê, podem ser usados para depositar vapor sobre a superfície do alimento, eliminando o crescimento de fungos e micro-organismos que causam doenças. Por exemplo, uma invenção japonesa incorpora zeólita, que dissolve íons de prata na superfície do alimento. O status regulatório de tais embalagens ainda tem que ser determinado.

Inibidores voláteis de corrosão

Inibidores voláteis de corrosão (algumas vezes chamados de inibidores de fase vapor) são usados para retardar a ferrugem e a corrosão de metais ferrosos especialmente para itens militares e de engenharia. Como nos casos de outros agentes modificadores de atmosfera, é importante observar que o contêiner, tal como uma caixa de maderia, precisa ser selado à prova de água e que materiais contendo umidade, como madeira, não devem ser selados dentro dele.

Filmes comestíveis

Os filmes comestíveis podem ser vistos como oximorom, pois, como são partes de um produto alimentício ou medicinal, eles próprios têm que ser protegidos de contaminação durante o manuseio. Muitos alimentos, entretanto, já têm um revestimento de proteção para prevenir a perda de umidade. Revestimento de cera em produto, camadas de colágeno para linguiças e shellaca ou revestimentos de zeína sobre produtos de confeitaria e pílulas são alguns exemplos conhecidos.

Espera-se um aumento de aplicação de filmes comestíveis para melhorar a qualidade de produtos frescos ou de alimentos minimamente processados. Exemplos incluem barreiras à umidade para prevenir perda de umidade de frutas e vegetais frescos cortados e barreiras ao oxigênio para interromper o escurecimento enzimático. Novas aplicações e quantificação de propriedades de barreira são áreas ativas de pesquisa.

Em sua maioria, as aplicações, como a formação de um filme de revestimento diretamente sobre o alimento ou envase de um invólucro com um alimento ou remédio, não pretendem eliminar a necessidade de embalagem convencional de proteção (embora elas reduzem a quantidade necessária). Em vez disso, elas têm a intenção de alongar a vida de prateleira do produto ou melhorar sua qualidade.

Os filmes comestíveis são feitos de polissacarídeos (derivados de celulose, maisena, carragenina, alginato, pectina e quitosana), proteína (colágeno, gelatina, caseína, proteína do soro do leite, zeína de milho, glúten de trigo e proteína de soja) e lipídeos derivados de plantas e animais (cera de carnaúba, cera de candelilla, cera de abelha, shellaca, triglicérides, monoglicerídeos acetilados, ácidos gordurosos, álcool gorduroso, sucrose e ésteres de ácidos graxos).

Os filmes podem ser moldados ou extrudados. Por exemplo, cápsulas macias de gelatina são formadas de folhas de gelatinas plastificadas moldadas que são seladas e enchidas em uma única operação. Revestimentos em alimentos e remédios são normalmente moldados diretamente sobre a superfície do produto.

Embora os filmes comestíveis não modifiquem a atmosfera da embalagem, eles controlam a interação da superfície entre o produto a ser ingerido e a atmosfera. Eles, juntamente com outras tecnologias modificadoras de atmosfera, mantêm a expectativa de melhorar continuamente a qualidade da vida de prateleira dos produtos alimentícios e dos medicamentos.

Referências da Parte 4

[1] Gaster, P. *European Market for Flexible Packaging*. Pira International (1997), p. xiv.

[2] Por exemplo, US Food and Drug Administration. *Indirect Food Additives: Adhesive Coatings and Components*. Code of Federal Regulations, Title 21, Parte 175.

[3] Kelly, R. "New developments in vacuum coated flexible packaging materials". *IAPRI International Packaging Research Symp*. Reims, France: ESITC 12-14 (mar. 1997).

[4] Brody, A. "Glassy coatings". *Asia Packaging Food Industry*, v. 5, n. 7 (1993), p. 49-51.

[5] Stahl, PO e Sederal, WL. "Polymer blends". *Kundstst. Plastic Europe*, v. 86, n. 10 (1996), p. 34-6, 1518, 1520, 1522.

[6] "USA – test marketing PET-PEN bottles". *EU Packaging Report*, n. 39 (set. 1996), p. 21.

[7] "Korean film touted for cost, performance". *Modern Plastics International*, v. 26, n. 3 (1996), p. 24.

[8] "Packaging seeks out the best materials". *Plastic Rubber Weekly*, n. 1243 (9 jul. 1988), p. 15, 24.

[9] Yoshiii, J. "Trends in barrier design". *Packaging Japan*, v. 12, n. 63 (1991), p. 30-8.

[10] "Biodegradable oxygen barrier replaces foil in drinks cartons". *Japan Packaging News* (jan. 1996), p. 2.

[11] Cooper, A. "Developments in specialist processes – security and responsive packaging: intelligent inks". *Package Printing Technologies*. Pira Conference Publications (3 nov. 1997).

[12] "Is timing right for time-temperature indicators?". *Packaging Strategies*, v. 15, n. 22 (1997), p. 4-5.

[13] Labuza, TP. "An introduction to active packaging for foods". *Food Technology*, v. 50, n. 4 (1996), p. 68, 70-1.

Parte 5

conclusões e
referências

15

comparação entre os
materiais e conclusões

Cada material de embalagem tem seu próprio e único conjunto de propriedades e cada aplicação tem seu próprio conjunto de necessidades. Cabe ao embalador ser capaz de avaliar o mercado e a aplicabilidade técnica da grande variedade de opções de materiais disponíveis. Este livro descreveu os materiais usados para embalagem e salientou suas substituibilidades. Para quase cada aplicação em embalagem, existem materiais concorrentes. O propósito deste capítulo é fornecer uma comparação geral através dos materiais, suas propriedades técnicas e fatores ambientais, com base nos aspectos de mercado.

As comparações tomam a forma de grades considerando o desempenho dos materiais (Tabelas 15-1 e 15-3), listando os materiais de embalagens mais comuns e dando valores às suas várias propriedades. A primeira versão destas avaliações pode ser encontrada em *Packaging* 2005 – *A Strategic Forecast for the European Packaging Industry*, por R. Goddard (Pira International, 1997).

É importante observar que os valores são baseados em uma escala de 5 pontos. Eles são subjetivos e produto das perspectivas dos autores do Reino Unido e dos Estados Unidos. Outros escritores podem muito bem apontar graus diferentes. Além do mais, existem muitas formas diferentes de cada material, alguns dos quais podem superar uma deficiência particular (tecnologia de catalisador metalocênico é um bom exemplo). As comparações têm a intenção de serem gerais e qualitativas. Apesar do risco de simplificação, este capítulo pretende consolidar informação para comparações dos materiais.

É também importante atentar que o número mais alto na escala de 5 pontos sempre indica o "melhor" ou o de desempenho maior. Por exemplo, nota 5 no desempenho de barreira significa uma boa barreira e uma nota 5 em custo indica um baixo custo, pois características como alta barreira e baixo custo são consideradas desejáveis.

Avaliação do mercado de materiais

A Tabela 15-1 compara materiais baseados no seu desempenho de mercado. Cada variável será discutida individualmente.

144

materiais para **embalagens**

Tabela **15-1**
Perfil do mercado na avaliação do desempenho

Material	A	B	C	D	E	F	Total
Papel	2	5	5	5	5	4	26
Papelão	4	3	5	5	5	4	26
Ondulado	3	4	4	3	5	4	23
Pasta moldada	3	2	4	2	4	5	20
Celofane	1	1	3	4	3	4	16
PEBD e PELBD	4	5	5	3	5	3	24
PEAD	4	4	3	3	5	3	22
PP	5	4	4	3	5	3	24
PVC	3	3	3	3	3	1	16
PS	4	2	3	4	4	3	20
EPS	3	1	3	1	4	2	14
PET	4	2	3	4	5	3	21
Laminados	4	2	4	4	3	3	20
Folha-de-flandres	3	2	3	4	4	4	20
Alumínio	4	1	3	4	4	4	20
Vidro	2	4	2	3	5	5	21

A = diversidade de forma   B = custo (1 = o mais alto)   C = eficiência na distribuição

D = opções decorativas   E = adequação Pan-Europeia   F = percepções ambientais

Pontuação = 1-5 em ordem crescente de importância por fator

Diversidade de forma (A) Representa a versatilidade do material em particular, incluindo suas subformas, na sua capacidade de atender a larga variedade de necessidades do mercado. Os plásticos têm os mais altos valores, pois podem ser usados para fazer embalagens em quase todas as formas, de filmes a garrafas e outras formas moldadas. Os valores do PP são os maiores, pois ele é o de maior versatilidade. O alumínio, os laminados e os papelões têm também aplicações diversas.

O vidro, o papel e o celofane são limitados para as formas tradicionais (garrafas de vidro, etiquetas/rótulos de papel, filme de celofane). Essa, unida à economia, é uma das razões pelas quais muitas aplicações originais têm mudado para os plásticos.

Custo (B) Existem algumas diferenças significativas, quanto à economia, entre materiais por causa da matéria-prima e dos custos de fabricação, e grandes diferenças por causa da densidade relativa e da espessura da parede do contêiner feito de materiais diferentes.

Com base nesses critérios de custo, o papel e o PEBD têm os valores mais altos, pois eles são usados em aplicações mais finas e de baixo peso e sua matéria-prima e seus custos capítulo **15** – comparação entre os materiais e conclusões

de processamento são baixos. O vidro e o papelão ondulado têm o mesmo alto valor, pois os custos das matérias-primas são baixos, e o PEAD e o PP têm valor alto, pois são usados em secções transversais volumosas.

Os materiais que têm valores pobres no parâmetro de custo são o alumínio (material de alto custo), o EPS (secção transversal espessa) e o celofane. Essa substituição clássica do celofane *versus* BOPP é um bom exemplo dos fatores de custos: o celofane tem uma desvantagem considerável quanto a densidade e custo alto, e ele não pode ser produzido tão fino quanto o BOPP. O efeito cumulativo é que o celofane nunca pode ser uma opção econômica onde ambos são igualmente apropriados, explicando a razão pela qual o celofane é agora usado somente em aplicações especiais.

Eficiência na distribuição (C) Está relacionada diretamente com a massa da embalagem feita de materiais diferentes mais o volume e/ou eficiência do desempenho com que ela pode ser convertida em peças.

O vidro, sendo o mais pesado, tem o menor valor na eficiência da distribuição, e a redução no valor do frete é uma razão importante por que muitos usuários de garrafas de vidro utilizam agora plásticos, que são mais leves. Esses materiais que têm valores mais altos são os materiais com base papel e materiais flexíveis como PEBD e laminados. Os flexíveis oferecem duas vantagens de distribuição: são mais leves e finos e são transportados para máquinas termoformadoras em rolos, enquanto contêineres rígidos vazios, como garrafas e latas, ocupam um volume cúbico maior e representam um maior custo de distribuição para o envasador.

Opções decorativas (D) Dão uma medida da qualidade da decoração que pode normalmente ser aplicada diretamente ao material. Etiquetas separadas, que podem ser de altíssima qualidade, podem, é claro, ser aplicadas a qualquer forma de embalagem. Esta medida está relacionada à Tabela 1-6 no Capítulo 1, que mostra as opções possíveis de decoração para cada material.

O papel e o papelão podem ser altamente decorados, com efeitos variando da cor no material--base a qualquer forma de impressão. O poliestireno e o celofane são mais fáceis do que a maioria dos plásticos para serem impressos e têm alto brilho.

Adequação Pan-Europeia (E) Esta pretende acessar como, de forma ampla, cada forma de material pode ser utilizada, levando em conta a disponibilidade local dos materiais e restrições legislativas, incluindo permissões para reciclagem. Os materiais mais comuns e largamente reciclados, incluindo papel e papelão, PE, PET e vidro, têm alta pontuação no parâmetro reciclagem.

Percepções ambientais (F) Embora algumas dessas pontuações possam ser contestadas por fatos, a percepção do mercado quanto ao meio ambiente pode ser tão importante quanto ou mais importante do que fatos científicos. Existe, por exemplo, uma percepção de que vidro e pasta moldada favorecem mais o meio ambiente do que outros materiais. Uma seção mais à frente neste capítulo comenta fatores ambientais do ponto de vista mais científico.

O exercício de totalizar o perfil do mercado fornece um resultado artificial, já que os materiais não são totalmente substituíveis nem os parâmetros considerados são totalmente

146

materiais para **embalagens**

substituíveis, pois cada parâmetro é mais importante em uma dada situação. Entretanto, os totais fornecem uma indicação de oportunidades de mercado e correspondem, de maneira aproximada, às taxas de consumo do papel e papelão, PEBD e PP na liderança.

Desempenho técnico dos materiais

A Tabela 15-2 lista um espectro mais extenso das propriedades, sendo estas selecionadas para cobrir uma utilização mais geral do ponto de vista técnico de cada material.

Tabela **15-2**

Avaliação do desempenho técnico

Material	A	B	C	D	E	F	G	H	Total
Papel	1	2	2	1	4	2	2	3	17
Papelão	2	2	2	2	4	3	3	3	21
Papelão ondulado	1	2	2	2	4	2	4	3	20
Pasta moldada	1	2	2	1	4	3	3	4	20
PEBD e PELBD	4	4	5	3	2	3	4	3	28
PEAD	4	4	5	3	3	4	4	3	30
PP	4	4	5	3	3	5	4	3	31
PVC	4	4	4	4	3	3	4	3	29
PS	3	4	4	3	2	3	3	3	25
EPS	3	4	4	2	2	2	3	5	25
PET	5	4	4	4	3	4	4	5	33
Outros plásticos	4	4	4	3	4	3	4	3	29
Folha-de-flandres	3	5	4	5	5	3	4	3	32
Alumínio	3	5	4	5	5	4	4	3	33
Vidro	5	5	3	5	5	3	2	2	30

A = resistência química   B = tolerância à água   C = selabilidade   D = desempenho de barreira

E = estabilidade térmica   F = versatilidade de conformação   G = resistência mecânica   H= proteção

Pontuação = 1-5 por ordem crescente de importância por fator

Resistência química (A) Ela está relacionada ao nível de inertização ou à faixa dos materiais que podem de maneira segura serem contidos com contato direto. O PET e o vidro têm os desempenhos mais altos e eles são usados extensivamente para contato com alimentos e produtos químicos. As poliolefinas e o PVC têm também altas pontuações.

Tolerância à água (B) Inclui outros líquidos aquosos ou não reativos. As garrafas de vidro e as latas de alumínio e folha-de-flandres, usadas para alimentos líquidos, toleram bem a água; os plásticos não estão muito longe disto. Os materiais com base papel não desempenham bem quando úmidos.

capítulo **15** – comparação entre os materiais e conclusões

147

Selabilidade (C) Essa pontuação reflete quaisquer tecnologias apropriadas e julga a selagem a quente de poliolefinas como sendo a melhor e a selagem de outros plásticos como sendo equivalente à costura do metal. O papel que necessita de adesivo é o mais difícil de selar.

Desempenho de barreira (D) Essa medida combina barreiras ao gás e ao vapor de água. Como explorado no Capítulo 12, as duas propriedades nem sempre caminham juntas e alguns dos melhores plásticos de barreira, como o EVOH e o PVdC, não são considerados nesta avaliação. As melhores barreiras, entretanto, não são plásticos; elas são vidro e metal. Outros plásticos de melhor desempenho em ambas as dimensões são o PET e o PVC.

Estabilidade térmica (E) Os dois pontos críticos são temperatura de esterilização, 130 °C, e resistência ao congelamento, –20 °C. Metais e vidro têm as pontuações mais altas e esta é a razão para serem os principais materiais na escolha para recozimento na embalagem e envase a quente.

Versatilidade de conformação (F) Reflete o número de diferentes tipos do material ou da embalagem que pode ser feito de um dado material. Essa medida está relacionada à Tabela 1-5 no Capítulo 1, que mostra as possíveis formas para cada material.

O PP é o mais versátil, seguido pelo PET e pelo PVC, pois eles podem ser usados como filmes, termoformados e garrafas e podem ser combinados com outros materiais em uma variedade de formas. O alumínio é versátil, pois ele pode ser usado em latas e bandejas e serve como barreira em muitas estruturas laminadas. Os materiais menos versáteis são papel, papelão ondulado, vidro e EPS, que são limitados à suas formas características de embalagem (etiquetas de papel e sacolas, caixas de papelão ondulado, contêineres rígidos e acolchoamento de EPS).

Resistência mecânica (G) Isso está relacionado a quão bem uma embalagem é capaz de resistir a riscos de distribuição e a riscos em uso doméstico. Nenhum material tem pontuação 1 ou 5 nesse parâmetro. Cada material tem sua resistência própria. Por exemplo, o vidro é muito resistente em condições estáticas como compressão, mas é facilmente quebrável no impacto.

Os materiais que tiveram pontuação mais alta foram as poliolefinas, PVC e PET e os metais. O PS pontuou mais baixo do que outros plásticos por causa de sua fragilidade. O vidro e o papel tiveram pontuação mais baixa, pois são fáceis de rasgar ou quebrar.

Proteção (H) Ela está relacionada à capacidade de uma embalagem ou material de proteger seu conteúdo de riscos físicos. O PET é forte o suficiente para sobreviver ao impacto quando cheio de bebidas carbonatadas e a espuma de poliestireno EPS tem a melhor reputação para proteção por acolchoamento; vidro tem a pior.

Não é necessário ter pontuação máxima em todos os parâmetros de desempenho técnico já que a importância das propriedades varia dependendo da aplicação específica. Entretanto, é instrutivo notar que os materiais com as pontuações mais altas são aqueles que fazem o trabalho mais pesado – metal (alumínio, a maior taxa), vidro, poliolefinas, PET e PVC

materiais para **embalagens**

seguidos pelo PS. Os materiais com base papel têm as taxas mais baixas e são usados para as aplicações de mínima demanda quanto a propriedades, sendo mais valorizados por sua aparência do que por sua tecnologia.

Perfil ambiental dos materiais

A Tabela 15-3 considera variáveis relacionadas com o meio ambiente. Elas incluem a participação das matérias-primas e seus descartes.

Tabela **15-3**
Avaliação do desempenho no meio ambiente

Material	A	B	C	D	E	F	G	Total
Papel	4	3	3	4	5	1	3	23
Papelão	4	3	3	4	5	1	3	23
Papelão ondulado	4	2	3	4	5	2	3	23
Polpa moldada	4	3	3	2	5	2	4	23
PEBD e PELBD	3	3	4	3	5	2	1	21
PEAD	3	3	4	3	5	4	1	23
PP	3	3	4	3	5	4	1	23
PVC	4	3	3	3	3	4	1	21
PS	3	3	3	3	5	3	1	21
EPS	3	3	5	2	5	4	1	23
PET	3	3	3	4	5	4	1	23
Outros	3	3	3	2	5	2	1	19
Folha-de-flandres	4	4	4	5	1	2	2	22
Alumínio	5	2	5	5	1	3	2	23
Vidro	5	2	1	4	1	5	1	19

A = disponibilidade dos materiais   B = energia para produção   C = massa
D = reciclabilidade   E = incineração   F = reutilização   G = degradabilidade
Pontuação = 1-5 por ordem crescente de importância por fator

Disponibilidade dos materiais (A) Ela é a abundância das matérias-primas em uma escala mundial. O vidro é feito de areia e o alumínio, da bauxita, ambos abundantes, mas estão em pontos opostos na escala de custo, pois o consumo de energia é consideravelmente maior para extrair o alumínio.

Os materiais com base papel têm sua fonte de matéria-prima na madeira, uma fonte renovável. O aço para folha-de-flandres e o vinil para o PVC são largamente disponíveis, devido a

capítulo 15 – comparação entre os materiais e conclusões

outros usos como peças automobilísticas e materiais para construção civil. Os outros plásticos são feitos da mesma fonte não renovável, o petróleo ou gás natural*.

Energia para produção (B) Este é o nível de energia necessária para produzir o material acabado ou embalado. O alumínio, o vidro e o papelão ondulado são os que mais necessitam de energia. Os plásticos e o papel são mais ou menos equivalentes.

Massa (C) Este é o peso da embalagem. O alumínio, o PP e o PET têm alta pontuação neste parâmetro, em parte porque eles são usados para fazer as embalagens mais leves para bebidas carbonatadas, com o vidro estando no ponto final dos mais pesados da escala. As poliolefinas têm menor peso (maior pontuação) do que os materiais com base papel e outros plásticos.

Reciclabilidade (D) Está relacionada com a prontidão com que material pode ser reciclado, incluindo qualquer custo ambiental adicional de fazer isto. O alumínio, o aço e a folha-de-flandres são mais facilmente recicláveis, pois eles têm alto valor (especialmente o alumínio), são facilmente separados e já existem boas infraestruturas para a reciclagem do aço e do alumínio.

O papel e o vidro também são fáceis de reciclar, existem cada vez melhores infraestruturas para ambos; entretanto, o valor das aparas é mais baixo do que para alguns outros materiais. O PET está posicionado acima por causa de seu alto valor intrínseco, apesar de ele necessitar de novos métodos de separação e desenvolvimento de infraestrutura.

Outros plásticos, embora fáceis de reciclar, têm menor valor e são difíceis de serem separados por tipo. Os piores, do ponto de vista da reciclagem, são o EPS, pois sua baixa densidade faz com que o transporte seja caro, e a pasta moldada, pois é feita de fibras de baixa qualidade (embora já recicladas).

A reciclabilidade também reflete o uso com que esta embalagem vai ser utilizada, pois quaisquer resíduos de alimento, produtos químicos ou outros componentes devem ser removidos inteiramente. Isto restringe a oportunidade para reciclar muitas embalagens, por exemplo, embalagens de pesticidas, óleo e tinta.

Incineração (E) Pode o material ser incinerado prontamente e permitir recuperação de energia? Todos os materiais de papel e plástico são facilmente queimados e podem ser usados para produzir energia. Isto é o motivo para que muitos acreditem que incineração do lixo para produção de energia é o melhor método de reciclagem para todos; não há necessidade de separação dos plásticos ou tipos de papel e é uma boa fonte de combustível. Entretanto, o vidro, o alumínio e a folha-de-flandres não podem ser incinerados, e o PVC, quando queimado, pode produzir gás tóxico.

Reutilização (F) Ela representa o quão apropriado o material é para ser reenvasado ou reutilizado em embalagens. O vidro é o vencedor deste parâmetro e tem o recorde do número de reutilizações. O PEAD e o PP estão em posição alta e eles são reutilizados em baldes

---

*   Nota do revisor técnico.

150

materiais para **embalagens**

plásticos e embalagens reutilizáveis para transporte. O PVC e o PET também têm posição alta e poderiam ser utilizáveis, embora o primeiro raramente o seja, mas existe considerável atividade em desenvolver contêineres retornáveis de PET (substituído largamente pelo PP devido ao custo)*. Embora não conste na tabela, o PC é também altamente reutilizável em garrafas de água. O papel é o menos reutilizável.

Deve-se observar, entretanto, que todos os materiais de embalagem são reutilizados mais em economia onde eles têm mais valor. Não é incomum, nos países em desenvolvimento, ver pequenas sacolas feitas de jornais usados e artigos úteis feitos de papelão usado, folha-de--flandres e juta tecida.

Degradabilidade (G) Esta é a taxa na qual o material espontaneamente degrada em condições de aterro sanitário. Nenhum dos materiais pontua de forma particularmente alta em degradabilidade por uma boa razão: existe mais a necessidade em embalagem do aspecto durabilidade sem descurar a proteção do produto. Os produtos de papel são os mais fáceis de degradar e os plásticos degradam muito lentamente nos aterros sanitários modernos.

Outra vez, somente os totais dos fatores ambientais não fornecem nenhum vencedor e, neste caso, os somatórios são muito baixos. Claramente, alguns fatores ambientais estão em conflito uns com os outros e a importância dos fatores varia para produtos diferentes e diferentes sistemas de distribuição. A tabela mostra que nenhum material é claramente superior ao outro quanto ao meio ambiente.

Conclusões

Embalagem é um grande negócio. No mundo, grandes quantidades de materiais e outras fontes são empregadas na produção e no processamento de embalagem. O uso de materiais de embalagem, por sua vez, facilita o comércio, o negócio, e torna possível um padrão de vida orientado para a conveniência.

A escolha de um material de embalagem não é simples. Ela requer um conhecimento do produto, do mercado e da variedade dos materiais disponíveis para embalagem.

Profissionais de embalagem tomam decisões difíceis todos os dias. Nós temos um orgulho com culpa de nossos sucessos técnicos, esperando que ninguém nos julgue responsáveis por cobrir o planeta com papelão e polietileno e com garrafas quebradas de vidro e imaginando que alguém nos venha agradecer por aquela semana extra de vida-de-prateleira.

As melhores decisões em embalagem vêm de uma base de conhecimento e a nossa indústria nunca soube muito acerca de si mesma. Informações sobre embalagem estão disponíveis em muitas fontes. Este livro forneceu uma investigação básica dos materiais de embalagem. Para informações mais detalhadas, o último capítulo dá uma pista para outras fontes de informação.

---

*   Nota do revisor técnico.

16

biblioteca de materiais para
embalagem

Um dos objetivos deste livro é fornecer ao leitor fontes de informação detalhadas sobre tópicos de material para embalagem. Esta bibliografia pretende ser um guia para os livros que contêm uma literatura contemporânea de embalagem relacionada a materiais.

As referências estão agrupadas de acordo com as partes do livro e muitas foram consultadas na produção deste livro. Referências adicionais sobre embalagem podem ser identificadas por tópico consultando o banco de dados *Pira International's Packaging Abstracts*.

Esta lista não inclui as referências que cada seção documenta, com referências de artigos de periódicos atualizados, novos desenvolvimentos específicos que possam não aparecer na literatura mais geral do livro.

Tecnologia de embalagem geral

Aubry, S. *Packaging Technology International 1996*. Cornhill (1996).

Hanlon, J, Kelsey, RJ e Forcinio, HE. *Handbook of Package Engineering*. Technomic (3. ed., 1998).

Institute of Packaging Professionals. *Glossary of Packaging Terms*. IoPP, USA (1988).

Paine, F. *The Package User's Handbook*. Blackie (1991).

Robertson, GL. *Food Packaging: Principles and practice*. Marcel Dekker (1993).

Sacharow, S e Griffin, RC. *Principles of Food Packaging*. AVI, USA (2. ed., 1980).

Soroka, W. *Fundamentals of Packaging Technology*. IoPP, USA (1995).

Parte 1: Fatores para seleção do material

American Management Association. *Packaging and Solid Waste Management Strategies*. AMA (1990).

materiais para **embalagens**

American Society for Testing and Materiais. *Selected ASTM Standards on Packaging*. ASTM (1994).

Ball, R. *Integrated Packaging*. Pira International (1995).

Brody, AL e Marsh, KS (eds.). *The Wiley Encyclopedia of Packaging Technology*. Wiley (2. ed., 1997). Seguem artigos pertinentes:

Bastioli, C. "Biodegradable materials". p. 77-83.

Borchardt, JR. "Recycling". p. 799-805.

Selke, S. "Environment". p. 343-8

Taggi, AJ e Walker, PA. "Printing: gravure and flexographic". p. 783-7.

Castle, M. *Transport of Dangerous Goods: A guide to international regulations*. Pira International (1995).

Doyle, M. *Packaging Strategy*. Technomic (1996).

Eldred, NE. *Package Printing*. Technomic (1993).

Fiedler, RM. *Distribution Packaging Technology*. IoPP, USA (1995).

Goddard, R. *Packaging 2005 – A strategic forecast for the European packaging industry*. Pira International (1997).

Harburn, K. *Quality Control of Packaging Materials in the Pharmaceutical Industry*. Marcel Dekker (1991).

Hine, T. *The Total Package*. Little, Brown (1995).

Howkins, M. *World Packaging Statistics*. 1997 Pira International (1997).

Institute of Packaging Professionals. *Chemical Packaging Committee Chemical Packaging Guidelines*. IoPP, USA (1995).

Into the Millennium – Packaging. Pira International (1997).

Japan Packaging Consultants. *Japan's Packaging Business*. Japan Packaging Consultants Corp (4. ed., 1995).

Jenkins, WA e Osborn, KR. *Packaging Drugs and Pharmaceuticals*. Technomic (1993).

Jonson, G. *LCA – A tool for measuring environmental performance*. Pira International (1996).

LaMoreaux, RD. *Barcodes and Other Automatic Identification Systems*. Pira International (1995).

Lauzon, C. *Decoration of Packaging*. Pira International (1992).

Lauzon, C e Wood, G (eds.). *Environmentally Responsible Packaging – A guide to development, selection and design*. Pira International (1995).

Leonard, EA. *Packaging Specifications, Purchasing and Quality Control*. Marcel Dekker (4. ed., 1996).

Levy, GM (ed.). *Packaging in the Environment*. Blackie (1992).

Lox, F. *Packaging and Ecology*. Pira International (1992).

capítulo **16** – biblioteca de materiais para embalagem

153

Malthlouthi, M (ed.). *Food Packaging and Preservation*. Blackie (1994).

McKinlay, AG. *Transport Packaging*. IoPP, USA (1998).

Mogil, HM (ed.). *Packaging Sourcebook*. International Edition, North American Publishing (annual).

O'Brien, JD. *Medical Device Packaging Handbook*. Marcel Dekker (1990).

Paine, F e Paine, HY. *Handbook of Food Packaging*. Blackie (2. ed., 1992).

Perchard, D e Bevington, G. *Packaging Waste Management: Learning from the German experience*. Perchards (1994).

Pilditch, J. *The Silent Salesman: How to develop packaging that sells*. Business Publications (1961).

Ramsland, T e Selin, J. *Handbook on Procurement of Packaging*. PRODEC, Finland (1993).

Selke, S. *Biodegration and Packaging*. Pira International (1996).

Selke, S. *Packaging and the Environment*. Technomic (2. ed., 1994).

Stewart, B. *Packaging as an Effective Marketing Tool*. Pira International (1995).

Stewart, B. *Packaging Design Strategy*. Pira International (1994).

Twede, D e Parsons, B. *Distribution Packaging for Logistical Systems*. Pira International (1997).

Parte 2: Materiais tradicionais de embalagem

Bathe, P. *Developments in the Packaging of Alcoholic Drinks*. Pira International (1997).

Brody, AL e Marsh, KS (eds.). *The Wiley Encyclopedia of Packaging Technology*. Wiley (2. ed., 1997). Alguns artigos pertinentes são:

Aluminium Association. "Aluminium foil". p. 458-63.

Abendroth, RP e Lisi, JE. "Glass ampules and vials". p. 35-8.

Attwood, BW. "Paperboard". p. 717-23.

Bayliss, AM. "Multiwall bags". p. 61-6.

Caganagh, J. "Glass container manufacturing". p. 475-84.

Dixon, D. "Wirebound boxes". p. 113-15.

Foster, G. "Corrugated boxes". p. 100-8.

Grygny, J. "Molded fiber". p. 382-3.

Hambley, DL. "Glass container design". p. 471-5.

Irwin, C. "Blow molding". p. 83-93.

Johnsen, MA. "Aerosol containers". p. 27-31.

Johnsen, MA. "Pressure containers". p. 774-83.

Kraus, FJ e Tarulis, GJ. "Steel cans". p. 144-55.

Lisiecki, RE. "Gabletop cartons". p. 187-9.

Lynch, L e Anderson, J. "Rigid paperboard boxes". p. 108-10.

Nairn, JF e Norpell, TM. "Bottle and jar closures". p. 206-19.

Norment, RB. "Steel drums and pails". p. 318-24.

Obolewicz, P. "Folding cartons". p. 181-6.

Quinn, R. "Solid fibre boxes". p. 112-13.

Reingardt, T. "Aluminium cans". p. 132-4.

Reznick, D. "Can corrosion". p. 139-44.

Sikora, M. "Paper". p. 714-17.

Silbereis, J. "Metal can fabrication". p. 615-29.

Sweeney, FJ. "Barrels". p. 70-1.

Waldman, EH. "Molded pulp". p. 791-4.

"Wood boxes" (autor não fornecido). p. 115-17.

Cakebread, D. *Paper-based Packaging*. Pira International (1993).

Fibre Box Association. *Fibre Box Handbook*. FBA (1994).

Grikitis, K. *Developments in the Packaging of Soft Drinks*. Pira International (1992).

Hogan, PM. "Evaluating new coatings for glass containers". *Glass Industry*, v. 67, n. 12 (1986) p. 14-16.

Institute of Packaging Professionals. *Corrugated Container Design, Testing and Specification* (seminar videotape). IoPP, USA (1992).

Jonson, G. *Corrugated Board Packaging*. Pira International (1993).

Maltenfort, G. *Corrugated Shipping Containers: An engineering approach*. Jelmar, USA (1990).

Maltenfort, G (ed.). *Performance and Evaluation of Shipping Containers*. Jelmar, USA (1989).

Paper in Contact with Foodstuffs. Pira International Conference Proceeding (1997).

Plaskett, CA. *Principles of Box and Crate Construction*. US Department of Agriculture (1930).

Roth, L. *The Packaging Designer's Book of Patterns*. Van Nostrand Reinhold, USA (1991).

Parte 3: Materiais plásticos para embalagem

Ashby, R et al. *Food Packaging Migration and Legislation*. Pira International (1997).

Berins, ML (ed.). *Plastics Engineering Handbook*. International Thompson (1991).

Bigg, DM. "The newest developments in polymeric packaging materials". *IoPP Technical Journal*, v. 10, n. 3 (1992) p. 24-36.

capítulo **16** – biblioteca de materiais para embalagem

155

Blackstone, B (ed.). *Plastic Package Integrity Testing: Assuring seal quality*. IoPP (1995).

Briston, J. *Advances in Plastics Packaging Technology*. Pira International (1993).

Brody, AL (ed.). *Modified Atmosphere Food Packaging*. IoPP, USA (1994).

Brody, AL e Marsh, KS (eds.). *The Wiley Encyclopedia of Packaging Technology*. Wiley (2. ed., 1997). Seguem artigos pertinentes:

Brasington, RM. "Rigid plastic boxes". p. 110-12.

Brighton, T. "Stretch film". p. 434-45.

Carter, R. "Injection molding". p. 503-11.

Carter, S. "Polyethylene, high density". p. 745-8.

Coco, DA. "Poly(vinyl chloride)". p. 771-5.

DeLassus, PT et al. "Vinylidene chloride copolymers". p. 958-61.

Doar, LH. "Heavy duty plastic bags". p. 60-1.

Dodge, P. "Rotational molding". p. 819-22 .

Ferguson, N. "Corrugated plastic". p. 285-7.

Finson, E e Kaplan, SL. "Surface treatment". p. 867-74.

Firdaus, V e Tong PP. "Polyethylene, linear and very low density". p. 748-52.

Foster, RH. "Ethylene-vinyl alcohol copolymers (EVOH)". p. 355-60.

Giacin, JR e Hernandez, RJ. "Permeability of aromas and solvents in polymeric packaging materials". p. 724-33.

Gibbons, JA. "Extrusion". p. 370-8.

Harstock, DL. "Styrene-butadiene copolymers". p. 863-4.

Hernandez, R. "Polymer properties". p. 758-65.

Huss, GJ. "Microwavable packaging and dual-ovenable materials". p. 643-6.

Irwin, C. "Blow molding". p. 90-3.

Jolley, CR e Wofford, GD. "Shrink film". p. 431-4.

Keith, H. "Foam trays". p. 933-7.

Kirk, AG. "Plastic film". p. 423-7.

Kong, D e Mount, EM. "Nonoriented polypropylene film". p. 407-8.

Kopsilk, DR e Fisher, E. "Plastic bags". p. 66-70.

Luise, RR. "Thermotropic liquid-crystalline polymers". p. 69-72.

Lund, PR e McCaul, JP. "Nitrile polymers". p. 669-72.

Mabee, MS. "Aseptic packaging". p. 41-5.

Maraschin, NJ. "Polyethylene, low density". p. 752-8.

McKinney, L et al. "Thermoforming". p. 914-21.

156
materiais para **embalagens**

Mihalich, J e Baccaro, LE. "Polycarbonate". p. 740-2.

Miller, RC. "Polypropylene". p. 765-8.

Mont MM e Wagner, JR. "Oriented polypropylene film". p. 15-22.

Neumann, EH e Sison, E. "Thermoplastic polyesters". p. 742-5.

Newton, J. "Oriented polyester film". p. 409-15.

Nurse, RH e Siebenaller, JS. "High density polyethylene film". p. 405-7.

Robertson AB e Habermann, KR. "Fuoropolymer film". p. 403-5.

Rosato, DV. "Thermosetting polymers". p. 924-7.

Singh, RP. "Time-temperature indicators". p. 926-7.

Suh, KW e Tusim, MH. "Foam plastics". p. 451-8.

Tubridy, MF e Sibilia, JP. "Nylon". p. 681-5.

Van Beek, HJG e Ryder, RG. "Film, rigid PVC". p. 427-31.

Wagner, PA. "Extruded polystyrene foam". p. 449-50.

Wagner, PA e Sugden, J. "Polystyrene". p. 768-71.

Wininger, J. "PETG sheet". p. 827-30.

Young, WE. "Heat sealing". p. 821-7.

Butler, TI e Veazy, EW (eds.). *Film Extrusion Manual: Process, materials and properties*. TAPPI (1992).

Coles, R. *Flexible Retail Packs*. Pira International (1996).

Coles, R. *Rigid Plastic Containers (Retail)*. Pira International (1992).

Cramm, RH e Sibbach, WR (eds.). *Coextrusion Coating and Film Fabrication*. TAPPI (1983).

Davies, J. *Food Contact Safety of Packaging Materials 1990-1995*. Pira International (1996).

Demetrakakes, P. "New plastic resins search for their niche". *Packaging* (mar. 1994), p. 25-6.

Edwards, D. *Packaging of Pesticides and Potentially Hazardous Chemicals for Consumer Use*. Pira International (1995).

Farber, JM e Dodds, K (eds.). *Principles of Modified-Atmosphere and Sous Vide Product Packaging*. Technomic (1995).

Flexible Packaging Association. *Flexible Packaging Technical Test Procedures and Specifications*. FPA (1991).

Florian, M. *Practical Thermoforming: Principles and applications*. Marcel Dekker (1987).

Grunewald, G. *Thermoforming: A plastic processing guide*. Technomic (1997).

Hernandez, RJ. "Food packaging materials, barrier properties and selection" capítulo 8 em *Handbook of Food Engineering Practice*. Valentus, K; Rotstein, E e Singh, RP (eds.). CRC (1997), p. 291-360.

capítulo **16** – biblioteca de materiais para embalagem

157

Hernandez, RJ e Gavara, R. *Methods to Evaluate Food/ Packaging Interactions*. Pira International (1997).

Hotchkiss, JH e Risch, SJ. *Food and Packaging Interactions Vol II*. American Chemical Society (1991).

Jenkins, WA e Harrington, JP (eds.). *Packaging Foods with Plastics*. Technomic (1993).

Jenkins, WA e Osborn, KR. *Plastic Films: Technology and packaging applications*. Technomic (1992).

Katan, LL (ed.). *Migration from Food Contact Materials*. Blackie (1996).

Koros, WJ (ed.). *Barrier Polymers and Structures*. American Chemical Society (1990).

Mathlouthi, M (ed.). *Food Packaging and Preservation*. Blackie (1994).

Modern Plastics Encyclopedia 97 McGraw-Hill, USA (1996) e *Modern Plastics Encyclopedia Handbook*. McGraw-Hill, USA (1994).

"Polyolefins get tough with metallocenes". *Plastics Technology*, v. 42, n. 8 (1996), p. 40-2.

Selke, SEM. *Understanding Plastics Packaging Technology*. Hanser, Germany (1997).

Sherman, LM. *Plastics in Contact with Foodstuffs*. Pira International (1996).

Simmons, B. *Recycling of Plastics Packaging – An update*. Pira International(1994).

Simon, DF. "Single-site catalysts produce tailor-made, consistent resins'. *Packaging Technology and Engineering* (abr. 1994), p. 34-7.

▮ Parte 4: Compósitos e materiais auxiliares

Brody, AL (ed.). *Modified Atmosphere Food Packaging*. IoPP, USA (1994).

Brody, AL e Marsh, KS (eds.). *The Wiley Encyclopedia of Packaging Technology*. Wiley (2. ed., 1997). Seguem artigos pertinentes:

Alsdorf, MG. "Extrusion coating". p. 378-81.

Bakish, R. "Vacuum metallizin'". p. 629-38.

Bassemir, RW e Bean, AJ. "Inks". p. 511-14.

Butler, LL. "Tags". p. 875-9.

DeLassus, PT et al. "Vinylidene chloride copolymers". p. 958-61.

Dembrowski, RJ. "Coextrusions for semirigid packaging". p. 240-2.

Dunn, TJ. "Multilayer flexible packaging". p. 659-65.

Eubanks, MB. "Composite cans". p. 134-7.

Fairley, MC. "Labels and labelling machinery". p. 536-41.

Finson, E e Kaplan, SL. "Surface treatment". p. 867-74.

Hatfield, E e Horvath, L. "Coextrusions for flexible packaging". p. 237-40.

Hill RJ. "Film, transparent glass on plastic food packaging materials". p. 445-8.

Idol, RC. "Oxygen scavengers". p. 687-92.

158

Kannry, H e Latto, G. "Waxes". p. 962-4.

Kaye, I. "Adhesives". p. 23-5.

Krochta, J. "Edible films". p. 397-401.

Mallik, D. "Holographic packaging". p. 492.

McKellar, RW. "Gummed tape". p. 883.

Nissel, FR. "Flat coextrusion machinery". p. 231-4.

Nugent, FJ. "Vacuum bag coffee packaging". p. 948-9.

Perdue, R ."Vacuum packaging". p. 949-55.

Rooney, ML. "Active packaging". p. 2-8.

Rosato, DV. "Plastics additives". p. 8-13.

Schiek, RC. "Colourants". p. 242-56.

Sheehan, RL. "Pressure sensitive tape". p. 883-7.

Tanny, SR. "Extrudable adhesives". p. 25-7.

Wright, WD. "Tubular coextrusion machinery". p. 234-7.

Chamberlain, M. *Marking, Coding and Labelling*. Pira International(1997).

Eldred, NR. *Packaging Printing*. Pira International (1993).

Farber, JM. *Principles of Modified-atmosphere and Sous Vide Product Packaging*. Technomic (1995).

Finlayson, KM. *Plastic Film Technology: High barrier plastic films for packaging*. Technomic (1989).

Gaster, P. *European Market for Flexible Packaging*. Pira International (1997).

Hall, I. *Labels and Labelling*. Pira International (1994).

Institute of Packaging Adhesion Technical Committee. *Adhesives in Packaging: Principles, properties and glossary*. IoPP, USA (1995).

Institute of Packaging Electronic Survelliance Packaging Committee. *Electronic Surveillance Packaging: An outline of the state of the industry*. IoPP, USA (1997).

Labuza, TP. 'An introduction to active packaging for foods'. *Food Technology*, v. 50, n. 4 (1996), p. 68, 70-1.

Miller, A. *Converting for Flexible Packaging*. Technomic (1994).

Parry, RT (ed.). *Principles and Applications of Modified Atmosphere Packaging of Foods*. International Thompson (1993).

Rooney, ML (ed.). *Active Food Packaging*. International Thompson (1995).

Tag and Label Manufacturers Institute. *Glossary of Terms for Pressure Sensitive Labels*. TLMI (1992).

Willhoft, EMA (ed.). Aseptic Processing and Packaging of Particulate Foods Blackie (1993).

índice
remissivo

A

Absorbância de materiais metalizados e desempenho de barreira – 122, 123
Absorvedores de etileno – 138
Absorvedores de oxigênio – 138
Acetato de celulose – 101
Ácido ascórbico – 137
Ácido etileno-acrílico (EM) – 110
Ácido etileno-metacrílico (EMAA) – 110
Aclar – 106
Aço inoxidável, uso em metalização – 123
Aço livre de estanho – 15, 40
    estilos de embalagem – 14
    resumo dos métodos de manufatura – 15
Aço revestido de estanho, latas, *veja* sob latas – 40
Aço, reciclagem – 145
Acolchoamento – 13, 17, 30, 58
Acrilonitrila-butadieno-estireno, copolímero ABS – 81
    consumo mundial – 4, 9
    custo – 150
    propriedades – 5, 61
Adesivo de selagem a frio – 71
Adesivo sensível à pressão – 130
Adesivos de fusão a quente – 130
Adesivos látex de selagem a frio – 71
Adesivos termoplásticos – 119
Adesivos
    natural com base água – 120
        borracha látex natural – 129
        caseína – 129
        cola animal – 129
Aditivos antiestáticos – 125
Aditivos biodegradáveis – 126
Aditivos fotoiniciadores – 126
Aditivos para plásticos – 124

aceleração de degradação – 126
agentes antiozonantes – 126
    biodegradável – 28, 100, 129
    estabilizantes ao ultravioleta – 126
    fotoiniciador – 126
    agentes de espumação – 52
agentes de expansão – 83
agentes de processamento – 125
agentes nucleantes – 125
antiestático – 52, 125
catalisadores – 6, 50, 52, 61, 63
catalisadores metalocênicos – 68
estabilizadores de calor – 52
estabilizantes antioxidantes – 74, 126
modificadores de envelhecimento – 126
modificadores de propriedades óticas – 126
    barreiras ao ultravioleta – 126
modificadores mecânicos e de propriedades de superfície – 125
    agentes antideslizamento – 125
    agentes deslizantes – 125
    agentes retardantes de chama – 52
    antiaderente – 134
    modificadores de impacto – 74, 125
    plastificantes – 75, 125
Aditivos – 52
    plásticos – 74
    policloreto de vinila (PVC) – 73
    polipropileno (PP) – 50
Aerossóis – 41, 42
África, produção de papel e papelão – 22
Agentes antideslizamento – 125
Agentes antimicrobiais – 137
Agentes antiozonantes – 126
Agentes corantes – 126
Agentes de compatibilização – 127

160 — materiais para **embalagens**

Agentes de espumação – 52
Agentes de expansão – 83, 125
Agentes modificadores de atmosfera – 137
   agentes refrescantes – 137
     absorvedores de etileno – 138
     absorvedores de oxigênio – 137
     agentes antimicrobiais – 138
   dessecantes – 137
   filmes comestíveis – 138, 139
   inibidores voláteis da corrosão – 138
Agentes retardantes de chama – 125
Agentes nucleantes – 125
Agentes refrescantes – 137, 138
   absorvedores de etileno – 138
   absorvedores de oxigênio – 137, 138
   agentes antimicrobiais – 137, 138
Aguapé, uso no processo de fabricação do papel –
   21, 22, 26
Alemanha – 4, 43, 108
   embalagem plástica – 12, 50, 54
   fornecimento de embalagem – 7
Alimentos (alimentícios) – 24, 53
   contendo gordura – 13
   sacolas – 24
   uso de dessecantes – 137
   veja também itens individuais
Alimentos líquidos – 44, 65, 68
Alimentos *snacks* – 11, 77, 137
Alumínio – 42, 44, 62, 126
   avaliação de desempenho do perfil do mercado –
     35, 38
   avaliação do desempenho ambiental – 23, 148
   avaliação do desempenho técnico – 146
   estilos de embalagem – 14
   reciclagem – 58
   resumo dos métodos de manufatura – 15
Amendoim – 128
América do Norte, produção de papel e papelão – 22
América Latina, papel e papelão – 22
Análise do ciclo de vida – 10
Aplicações *form-fill-seal* – 91, 120, 127, 129
Aplicações de embalagem tipo sacola-na-caixa – 24
Aplicações para alimentos envasados a quente –
   89, 90, 92
Aplicações termoformadoras assépticas – 145
Areia, manufatura do vidro – 15
Argila, manufatura das cerâmicas – 5
Ásia, produção de papel e papelão – 22
Australásia, produção de papel e papelão – 22
Avaliação de desempenho do perfil do mercado de
   materiais – 143
   custos – 144
   diversidade de forma – 144
   eficiência na distribuição – 144
   opções decorativas – 144
   percepções ambientais – 144
   viabilidade Pan-Europeia – 145

Avaliação do desempenho ambiental – 148
   degradabilidade – 150
   disponibilidade de materiais – 27, 88
   energia de manufatura – 15
   incineração – 149
   massa – 149
   reciclabilidade – 149
   reutilização – 149
Avaliação do desempenho técnico – 13
   desempenho de barreira – 13
   estabilidade térmica – 147
   proteção – 147
   resistência mecânica – 36, 106, 147
   resistência química – 146
   selabilidade – 147
   tolerância à água – 147
   versatilidade de conformação – 147

B

Bagaço, uso no processo de fabricação de papel –
   22, 27
Balões, metalizados – 54
Bandejas para serem levadas ao forno – 44
Bandejas para vegetais – 28
Bandejas plásticas termoformadas com painéis de
   papelão – 72, 91, 92
Bandejas que possam ser levadas ao micro-ondas –
   92, 108
Baquelite – 49
Barex – 105
Barreira à prova de gorduras, polipropileno – 25
Barreira ao oxigênio – 11, 56, 64, 66, 77, 127
Barris, de madeira – 33, 34
Batata frita tipo palha – 13, 91
Bebidas alcoólicas – 93
Bebidas carbonatadas – 108, 134, 147, 149
   garrafas, rótulos – 129
   latas – 129
   veja também cerveja; líquidos; leite – 14, 17, 28,
     39, 40
Blendas poliméricas e ligas – 105, 126
Branqueamento, processo de fabricação de papel –
   101
British Steel, marca registrada RBS – 40

C

Café – 68, 77, 78, 91, 96, 97, 122, 128, 138
Caixa sólida de papelão descorado – 27, 145
Caixas de charutos – 32
Calculadoras, mostradores digitais – 111
Camadas de junção – 54
   coextrusão – 53, 64, 68, 76, 77, 78, 89, 117
   laminados 117, 119
CAP/MAP – 136
Capacetes de segurança – 107

índice remissivo

161

Cargas – 24, 52, 62, 67, 70, 124
  plásticas – 133
  polipropileno – 6, 26, 27, 28, 49, 50, 59, 61
Carnes – 74, 77, 78, 79
Carnes, processadas – 78, 96
Cartão – 15, 23, 27, 44
Caseína – 129, 139
Catalisadores metalocênicos – 6, 63, 68
  custo da matéria-prima como porcentagem do
    custo do contêiner – 145
  desempenho de barreira – 146, 147
  metais – 5, 6, 7, 39
  opções de decoração – 145
  uso na manufatura de polietileno – 15, 61
  vantagens – 15
  veja também folhas de alumínio e bandejas,
    latas, tambores de aço e bombonas – 15
Catalisadores *veja* catalisadores metalocênicos – 6,
    63, 68
Cekacan – 128
Cellop – 71, 99
Celofane – 99
  acetato de celulose – 101
  avaliação de desempenho do perfil do mercado –
    143
  consumo mundial – 4, 99
  efeitos ambientais – 8, 23, 100
  laminado – 6, 14, 21, 24, 117, 144
  metalizado – 26, 91, 161, 122, 123
  produção – 3, 4
  propriedades – 5, 15, 69, 103
  revestimento de policloreto de vinila e vinilideno –
    73, 76
  substituição por filme BOPP – 56, 71
  usos – 72
Celuloide (nitrato de celulose) – 50
Cerveja – 12, 27, 37, 38
  garrafas – 34, 64, 65
  latas – 39
Chá – 39
Chips – 38
Clorofluorcarbonos – 42
Coberturas pré-impressas, papelão ondulado – 9,
    16, 24
Coextrusão de poliprolileno (BOPP) orientado – 28, 31
  etiquetas – 71
  filme – 105, 106, 108
    revestimento de policloreto de vinila e
      vinilideno (PVdC) – 38
    substituição do celofane – 99
  manufatura do papel – 23
  metalizadas – 96
  propriedades – 5, 6, 11, 13
Coextrusão – 53, 64, 76, 78, 117
  balanceada – 120
  camada de união – 121
  desbalanceada – 120

processo – 26
resina única – 119
veja também laminados – 91, 117
Cola animal – 129
Comparação com polietileno – 50, 59, 61
  veja também copolímero de etileno-álcool
    vinílico (EVOH); Poliacetato de vinila (PVA);
    poliálcool vinílico (PVOH); Policloreto de
    vinila (PVC); Policloreto de vinila e vinilideno
    (PVDC); Copolímero etileno-acetato de vinila
    (EVA) – 73
Compensado – 33
Compósitos de metal e papelão *veja* estruturas
compostas de metal-papelão – 127
Compras autosserviço – 27
Contêineres de *fast-food* – 83
Contêineres moldados – 85
  manufaturados de PEAD com base metaloceno – 26
Contêineres para transporte – 32, 37, 49
  papelão ondulado – 12
Contêineres de médio porte, materiais usados – 11
Contêineres de transporte – 16
Copolímero de acrilonitrila-metilacrilato modificado –
    52, 56
Copolímero estireno-acrilonitrila (SAN) – 81
  propriedades – 15
Copolímero estireno-butadieno – 130
  blendas de resina – 84
  contêineres moldados por injeção – 15
  custo – 7
  propriedades – 103
  resina K – 85
Copolímero Etileno -acetato de vinila (EVA) – 68,
    73, 77, 79
  adesivos fundidos a quente – 130
  blenda PELBD – 52
  blendas PET – 87
  coextrusão – 117
  como material de revestimento – 120
  como revestimento de barreira – 79
  copolímero de Etileno-Álcool Vinílico – 56
  misturado com PEBD e PELBD – 51, 54, 62
  sensibilidade à umidade – 77
Copolímero metilpenteno (TPX) – 109
Copolímeros grafitizados – 109
Copos de iogurte – 72
Copos, plástico – 82
Corrosão, inibidores voláteis de corrosão – 138
Cortiça – 34
Cosméticos – 64
Crescimento microbial, inibir – 136, 138
Cristais de sílica gel – 137
Custo da matéria-prima como porcentagem do
    custo do contêiner – 7
Custos – 17
  estratégias de redução – 17

162 materiais para **embalagens**

D

Decoração – 15
Degradação – 145
  aditivos aceleradores – 125
Desempenho de barreira – 126
  materiais metalizados – 122
  materiais para embalagens alimentícias
  plásticos, melhoria – 38
Desempenho de barreira – 56
  materiais metalizados – 122
  materiais para embalagens alimentícias – 3, 4
  plásticos, melhoria – 38
Desenvolvimentos tecnológicos globais, influências
  na escolha dos materiais – 12, 134
Dessecantes – 134
Detergentes – 54, 59
Deteriorização de ozônio – 42
Disponibilidade dos materiais – 50
Dispositivos médicos – 82
Distribuição – 144
  eficiência – 144

E

Economia – 16
Embalagem asséptica para alimento – 44
Embalagem ativa – 3, 12
Embalagem flexível, uso – 14
Embalagem para forno convencional e micro-ondas –
  11, 90
Embalagem para produtos médicos – 11, 75, 105
Embalagem sachê para assar pães – 108
Embalagens a vácuo – 79
Embalagens *blister* – 83, 84, 106, 108
  materiais usados – 4, 6, 21
Embalagens com atmosferas modificadas – 74
Embalagens multimateriais, reciclagem – 128
Embalagens para cereais – 68
Embalagens para ovos – 28
Embrulho de itens domésticos – 59
Emissão de dioxinas, incineração de policloreto de
  vinila (PVC) – 38
Energia – 3, 8, 149
  manufatura – 15
  principais fontes – 8
Envidraçamento à prova de vândalos – 107
Escolha dos materiais – 5, 7
  decoração – 15
  economia – 5, 9, 16
  estilos de embalagem – 14
  influência de fatores externos – 50
    mudanças de mercado – 10
    recursos naturais – 7
    tecnológico global – 12
      desenvolvimentos – 12
  métodos de manufatura – 15
  necessidade de desempenho dos materiais – 149

Escudos protetores para polícia – 107
Espuma de poliestireno expandido – 28
  avaliação do desempenho ambiental – 13
Espuma extrudada de poliestireno – 28
Espuma para acolchoamento – 28
Estabilidade térmica – 90
Estabilizantes antioxidantes – 74
Estabilizantes térmicos – 15
Esterilização dentro da embalagem – 72
Esterilização – 91
Estilos de embalagem – 13
Estireno-butadieno, adesivos fundidos a quente – 37
Estireno-isopreno, adesivos fundidos a quente – 81
Estrago por micróbios – 138
Etileno butilacrilato (EBA) – 110
Etileno metacrilato (EMA) – 110
Etiquetas de identificação por radiofrequência
  (RFID) – 135
Etiquetas de papel – 16, 134
  autoadesivas – 136
  cola úmida – 32
Etiquetas mangas termoencolhíveis – 32
  deposição de sílica, vantagens
Etiquetas para micro-ondas – 11
  leite – 27, 32
    garrafas – 14
    PEAD – 26
    plástico – 5, 6
    policarbonato – 87
    vidro – 5
Etiquetas, *veja* também rótulos – 16, 91
  ativa – 124
    etiquetas de micro-ondas – 133
    identificação radiofrequencia (RFID) – 135
    indicadores de tempo-temperatura (TTIs) –
      136
    sistemas magnéticos – 136
  papel – 21
    autoadesivo – 133
  plástico – 49
    dentro do molde – 36
    hologramas – 10
    manga termoencolhível – 66
    poliestireno – 81
    popilpropileno orientado – 26
    sensível à pressão – 130
    texturas decorativas – 134
  uso de polietileno tereftalato (PET) – 87
Europa, produção de papel e papelão – 8

F

Farmacêuticos – 77
  embalagens *blister* – 106
  uso de dessecantes – 137
Feno – 22
  combinado com resinas – 34

índice remissivo

163

uso no processo de fabricação – 49
Fenol formaldeído – 49
Ferrugem, inibidores voláteis de corrosão – 138
Fibras vegetais, uso em embalagem com base papel – 8
Filme de celulose regenerado *veja* celofane – 99
Filme de poliestireno orientado biaxialmente – 26, 81
Filmes comestíveis – 138
Filmes estirados – 66, 68
Filmes inteligentes – 117
Filmes metalizados como materiais de barreira – 121, 124
  absorbância – 123
Filmes plásticos – 16, 117, 123, 133
  embalagem ativa – 124
    as adesivas sensíveis à pressão – 130
  impressão personalizada – 131
Fitas adesivas – 131
  papel com cola – 132
  sensível à pressão – 134
    impressão personalizada – 131
    reforçado com filamentos – 131
Fitas de papel com cola – 131
Fitas para gravação – 90
Flexografia – 16, 30, 132
  papelão ondulado – 9
  tintas – 131
Fluorcarbono – 63
  propriedades – 63
  temperatura de selagem a quente – 63
Fluoretação – 64
Folha-de-flandres – 15, 40, 43
  avaliação de desempenho do perfil do mercado – 144
  avaliação do desempenho ambiental – 145
  avaliação do desempenho técnico – 146
  estilos de embalagem – 14
  resumo dos métodos de manufatura – 15
Folha e bandejas de alumínio – 44
  produção – 61
  propriedades – 61
  usos em fornos de micro-ondas – 11
Forma e resistência mecânica – 14, 36
Fornecedores, os maiores do mundo – 12, 127
Fornos de micro-ondas – 11, 44, 64
  polietileno de alta densidade (PEAD) – 26, 65
  polipropileno (PP) – 59, 69
  uso de folhas e bandejas de alumínio – 44
Fourdrinier, processo de fabricação de papel – 23
França, fornecimento de embalagem – 4
Frasco com aberturas – 38

G

Garrafas – 54
Garrafas de vinho – 35

aglomerado de fibras de alta densidade – 50
compensado – 33
folhas de material reconstituído – 34
impregnação com resinas para reduzir a absorção de umidade – 121
limitações – 33
madeira – 33
paletes – 57, 67
preparação – 33
reciclagem – 35
rolhas de cortiça – 34
Garrafas moldadas a sopro, náilon – 15, 36, 50, 64
Garrafas para água, grande reutilização – 74
Garrafas para refrigerantes – 12, 41, 87
  veja também polietileno tereftalato (PET), – 87, 88
Garrafas – 14
  materiais usados – 6, 13
  moldada a sopro – 15, 36
  PET *veja* polietileno tereftalato (PET), garrafas – 35
  plástico
    manufatura *veja* processamento de plásticos, – 3
      moldagem de plásticos rígidos – 54
      revestimento de policloreto de vinila e vinilideno – 73
  resistência química – 76
  vidro – 7, 15
    forma e resistência mecânica – 14, 36
    rótulo de proteção de poliestireno (PS) – 37, 50, 59
    veja também vidro – 4, 6, 7
Grades de avaliação de desempenho – 143
  veja também avaliação do desempenho – 143
    ambiental; avaliação de desempenho do perfil – 21
    do mercado de materiais; avaliação do desempenho técnico – 144
Guirlandas – 121

H

Hidrofluorocarbonos (HFCs) – 42
Hidróxido de cálcio – 138

I

Impressão de estampagem a quente – 16
Impressão de filme plástico, melhoria da – 54
Impressão de rotogravura – 132
  tintas – 132
Impressão holográfica – 135
Impressão jato de tinta – 16
  com base água – 120
  com base solvente – 129
  curável por ultravioleta – 131, 132
  impressão de rotogravura – 132

impressão flexo – 30, 132
impressão jato de tinta – 132
impressão *screen* – 132
invisível (pode ser lido por ultravioleta) – 133
método de secagem – 132
papelão ondulado – 9, 17, 21
segurança – 14
sensível à umidade – 100
viscosidade – 125, 132
Impressora *offset* – 132
Incineração – 8, 59, 149
Indicadores de tempo-temperatura (TTIs) – 136
Influências demográficas na escolha dos materiais – 7
Inibidores voláteis da corrosão – 138
Inibidores de fase vapor – 138
Ionômeros – 109
propriedades – 120, 125, 133
temperaturas para selagem a quente – 63
Irradiação – 15
Itália, fornecimento de embalagem – 4

J

Japão – 4, 8, 12, 37, 40, 44
fornecimento de embalagem – 4
incineração – 149
ligas e blendas poliméricas – 105
novidades em latas de alumínio – 147
papelão ondulado – 9, 28
policloreto de vinila (PVC) – 38
revestimentos para superfície de vidro – 115, 120
Jornais – 26, 150

K

Kevlar – 110

L

Lacres de chumbo – 45
Lâmina de chumbo – 111
Laminação litográfica, papelão ondulado – 30
Laminações papel/folha de alumínio/plástico – 6
Laminados – 14
avaliação de desempenho do perfil do mercado – 144
camadas de junção, *veja* também coextrusão – 53, 64, 117
laminação por adesivo – 95
laminação por extrusão – 117
vantagens – 118
poliolefinas – 118
Latas de aço livre de estanho – 40
Latas de alumínio – 42
desenvolvimentos – 68

dispositivo para abertura com língua para puxamento – 71
ductilidade – 43
estratégias para redução de material – 5
latas fáceis de abrir – 43
reciclagem – 58
redução de peso – 36
veja também latas – 39
Latas e latões cilíndricos com abertura no topo, materiais utilizados – 41
Latas para refrigerantes – 41
Latas – 39
aço estanhado – 39
baixo peso – 108, 145
proteção contra corrosão – 40
revestimento de laca – 123
aerossol – 153
alumínio *veja* latas de alumínio auto – 38, 42
refrigeráveis – 44
autoaquecíveis – 44
manufatura de latas de duas partes – 40
manufatura de latas de três partes – 40
costura dupla – 41
vantagem – 42
Látex de borracha natural – 129
Lignina, degradação – 22, 23
Limpadores (absorvedores) – 138
Linguiças, tripa artificial de colágeno – 138
Litografia – 16
Litografia *offset* – 16
Lucratividade, efeito da embalagem – 17

M

Mamadeiras, esterilizáveis – 107
Manufatura *veja* processamento de plásticos, – 125
moldagem de plásticos rígidos – 54
Máquinas *form-fill-seal*, horizontal – 44
Margarinas – 128
Massas – 99
Materiais de isolamento – 108
Materiais fibrosos, combinados com resinas – 34, 131
Materiais termoplásticos – 50
acetato de celulose – 50, 101
celuloide (nitrato de celulose) – 50, 101
perspex – 50
veja também poliamida (náilon); poliéster (PET e PEN); polietileno (PE); polipropileno (PP); poliestireno (PS); policloreto de vinila (PVC) – 50, 92, 95
Materiais usados – 143
Metal, produção mundial – 4
Metalização a vácuo – 121
diagrama de um metalizador a vácuo – 122
metalização por transferência – 123
processo – 122
Métodos de manufatura, resumo – 15

índice remissivo

Mica – 126
Milho de pipoca – 100
Modificadores de impacto – 74, 125
Modificadores do envelhecimento – 126
Moldada a sopro – 15, 54
Moldagem por injeção a sopro – 15, 56, 57
Moldagem por sopro com estiramento – 57
Molhos – 77, 78
Monômero estirênico – 81
Monômero residual de cloreto de vinila (VCM) – 75
Mudanças no mercado, influências na escolha dos materiais – 10, 12
Mul-t-Cote – 37
MXD-6 – 89

N

Náilon – 95
  cristalinidade – 92
  filmes – 54
    adesivos de fusão a quente – 79
    barreira ao gás – 82, 95
    coextrusão com poliolefinas – 96
    deposição de sílica – 116, 121
    laminados – 133
    metalização – 121
    metalizador – 122
    MXD-6 – 89
    orientação – 96
    propriedades – 96
    propriedades, resistência térmica – 92
    subtipo 6,6 – 95
    temperaturas de selagem a quente – 147
    termoformagem – 58
    tipo 6, 95
  poliamida amorfa (AMPA) – 97
Necessidades de desempenho dos materiais – 91, 92
Nível de dióxido de carbono – 93
Nozes *veja* alimentos

O

Óleo de cozinha – 74
Óleo para motor – 128
Óleos – 49
OPPalita – 26

P

Paletes – 64
Pão, sachê para assar pães – 15
Papel à prova de gordura – 44, 64
  manufatura – 15
  propriedades e usos – 24, 25
  tensão – 15
Papel absorvente – 44, 64
  faixa de peso – 44

  manufatura – 15
  propriedade e usos, 44
Papel kraft – 24
  faixa de peso – 25
  manufatura – 15
  propriedades e uso – 24
Papel ondulado, reciclagem – 28
Papel pergaminho – 24
  faixa de peso – 25
  manufatura – 15
  propriedades e usos – 24
  tensão – 24
Papel sulfite (SBS) – 24
  manufatura – 15
  propriedades de usos – 25
Papel – 21
  acabamento perolado – 23, 89
  aglutinadores de resinas orgânicas – 26
  ambiente – 21
  avaliação de desempenho ambiental – 148
  avaliação de desempenho do perfil do mercado – 144
  avaliação do desempenho técnico – 146
  benefícios – 21
  custo da matéria-prima como porcentagem do custo do contêiner – 7
  espessura –14
  estilos de embalagem – 14
  fibras de poliolefinas misturadas em polpa – 26
  fontes derivadas de árvores – 22
  glassine – 25
  jornal – 22
  laminado – 14, 24
  metalizado – 26, 71
  novos desenvolvimentos – 91, 122
  OPPalita – 26
  opções de decoração – 15
  papel-manteiga – 24, 25
  papel para embrulho kraft – 128
  pergaminho vegetal – 24
  policloreto de vinila e vinilideno – 38, 50, 73
  produção mundial – 4, 22
  reciclagem – 9, 58
  resumo dos métodos de manufatura – 15
  revestimento – 120
  revestimento termoplástico – 130
  sulfite – 24, 25
  Tyvek® – 135
Papelão ondulado – 28
  avaliação de desempenho do perfil do mercado – 146
  avaliação do desempenho ambiental – 148
  avaliação do desempenho técnico – 146
  contêineres para transporte – 11, 12, 16, 32, 129
  estilos de embalagem – 13
  estruturas – 115, 117
  face única – 30
  formas comuns – 29
  forros pré-impressos – 25, 30

materiais para embalagens

166

impressão – 16
melhorando a resistência à água – 26
painéis para suporte de carga – 28
parede tripla – 32
parede única – 30
paredes duplas – 30
propriedades – 5, 15, 23, 103
    absorção – 62, 137
    barreiras térmicas – 90, 110
reciclagem – 59
tipos padrões – 10
Papelão sólido – 28
Papelão – 28, 144, 146, 148
    avaliação de desempenho do perfil do mercado – 144
    chapa compensada – 33
    estruturas de compósitos metálicos – 33
    fibra de papelão sólida – 72
    graus duplex – 27
    graus triplex – 27
    manufatura – 15
    newsboard – 27
    papelão alvejado sólido – 27
    papelão com recobrimento branco – 27
    reciclagem – 8, 9
    revestimento de policloreto de vinila e vinilideno (PVdC) – 73
Papelão – 28
    avaliação – 30
    avaliação do desempenho técnico – 76
    desempenho ambiental – 76
    transparente – 49
Papelão – 28
    estilos de embalagens – 13
Papiro – 21
PCTA – 92
Pedido por correio – 11
Peixe – 25, 28, 88
PEN – 50
    propriedades – 50, 54
    reciclagem – 8, 9
Perspex – 50
PET *veja* polietileno tereftalato (PET), garrafas – 61
PETG – 92
Petróleo, manufatura de plásticos – 149
Pílulas, revestimentos – 120
Placa compensada – 57
Placas – 72
    espessura – 108
    produção mundial – 4, 22
    resumo dos métodos de manufatura – 15
Plástico – 9, 16, 57, 58
Plasticos estirênicos – 81
    copolímero estireno acrilonitrila (SAN) – 81
    copolímero estireno-butadieno – 84
    veja também acrilonitrila-butadieno-estireno (ABS); poliestireno (PS) – 84

Plásticos expandidos – 58
Plásticos ondulados – 72
Plásticos – 108
    alta temperatura – 108
        polieterimida – 108
        polióxido de fenileno (PPO) – 108
        polissulfeto de fenileno (PPS) – 108
        alto desempenho – 92
        copolímeros grafitizados – 109
        ionômeros – 109
        polímeros de cristal líquido (LCP) – 110
        poliuretanas – 109
        veja também policarbonato – 89, 117, 118
    amorfo – 91
    baquelite – 49
    cargas – 24, 52, 62, 67, 70, 72
    coextrusão – 53, 64, 76, 78, 117
    comparação das propriedades de barreira – 103
        permeabilidade ao oxigênio – 103
        taxas de transmissão do vapor de água – 103
    comparação de resistência mecânica – 105
        resistência ao impacto – 106
        resistência à tração – 106
        resistência ao rasgamento – 106
    consumo mundial – 99
    cristalino – 50, 81
    custo da matéria-prima como porcentagem do custo do contêiner – 7
    desempenho de barreira – 121
    desenvolvimentos na melhoria do desempenho – 10, 12
    estabilidade térmica – 63
    estilos de embalagem – 14
    estrutura molecular – 63, 67, 68
    estruturas multicamadas – 24, 52, 53, 77, 90, 115
    etiquetas *veja* etiquetas, limitações dos plásticos
    extrusão – 24, 53, 54, 66, 71, 72, 74
    irradiação – 15, 52, 75, 85, 105, 123
    opções de decoração – 15
    principais materiais de barreira – 103
    processamento *veja* propriedades do processamento dos plásticos – 53
    produção mundial – 4, 22
    reciclagem – 58
        sistema de código para resina da SPI (Society of the Plastics Industry) – 59
    termorrígido – 109
        fenol-formaldeído (PF) – 49
        poliuretana – 109
        poliéster reforçado com fibra de vidro – 49
        ureia-formaldeído – 49
    tratamento a chama para facilitar a impressão – 124
    tratamentos e revestimentos superficiais – 37, 55, 120
        fluoretação – 64
        materiais termoplásticos – 50

índice remissivo

Plásticos, modificado – 115, 116
   principais enfoques – 120
   propriedades – 103
Plastificantes – 52, 74, 75, 106, 125
Poliacetato de vinila (PVA) – 73, 79, 130
   adesivo – 129
Poliálcool vinílico (PVOH) – 73, 77
   propriedades – 103
Poliamida amorfa (AMPA) – 97
Poliamida *veja* náilon – 50, 72, 95
Poliacrilato – 89, 127
Polibutadieno – 83, 84
Policarbonato (PC) – 107
   blendas poliméricas e ligas – 105, 126
   coextrusão – 53, 64, 76, 78, 117
   esterilização – 72, 75, 91, 108, 111
   expandido – 37, 38, 58, 59, 64, 67, 81
   metalizado – 26, 71, 91, 96, 100, 106
   temperaturas de selagem a quente – 63, 147
Policloreto de vinila (PVC) – 38, 50, 73, 76, 104
   aceitabilidade ambiental – 75
   aditivos – 124
   avaliação de desempenho do perfil do mercado – 143
   avaliação do desempenho ambiental – 148
   avaliação do desempenho técnico – 146
   como revestimento – 105, 120
   comparação com polietileno tereftalato amorfo
      (APET) – 91
   componente de barreira em chapas de materiais
      coextrudados – 76, 89
   consumo mundial – 4, 99
   copolímero de cloreto de vinila e vinilideno – 76
   estabilizantes antioxidantes – 74, 126
   etiquetas – 133
   filmes – 71, 90, 138
   forma rígida não plastificada (UNPVC) – 74
   mercado – 10, 51, 65, 143
   monômero residual de cloreto de vinila (VCM) – 75
   preocupações ambientais – 5
   produção europeia/consumo – 51
   propriedades de barreira – 6, 11, 24, 103
   reciclagem – 58
   saran – 76
   temperatura de selagem a quente – 32, 63, 147
   tipos plastificados – 75
Poliésteres – 87
   adesivos de fusão a quente – 130
   alto desempenho – 52, 68, 87, 90, 91
   PCTA – 92
   PEN – 50, 56, 92, 93
   PETG – 92
   veja também polietileno tereftalato (PET) – 59, 87
Polieterimida – 108
Polietileno (PE) – 50, 62
   aditivos antiestáticos – 125

arranjo molecular – 50
catalisadores metalocênicos – 6, 63, 82, 105, 125
como material de revestimento – 120
comparação com polímeros vinílicos – 50, 52
densidades – 62, 68, 69, 109
impressão – 5, 14, 15, 16, 21, 24, 25, 27
manufatura – 15
   uso de catalisadores metalocênicos – 6, 63, 105, 125
novos desenvolvimentos – 16, 26
revestimento sobre filme de polietileno – 87
   tereftalato (PET) – 87
vantagens – 33, 39, 58, 110, 118, 145
veja também polietileno de alta densidade
   (PEAD)   – 27, 59, 62, 63
   polietileno linear de baixa densidade (PELBD) –
     67
   polietileno de baixa densidade (PEBD) – 50,
     59, 63
   polietileno de muito baixa densidade (PEUBD) –
     68
Polietileno Tereftalato (PET), Sistema de código
   para resina da SPI (Society of the Plastics
   Industry) – 59
Polietileno de alta densidade (PEAD) – 67
   Aclar – 106
   adição de polioxifenileno (PPO) – 84
   avaliação de desempenho do perfil do mercado – 64
   avaliação do desempenho ambiental – 64
   avaliação do desempenho técnico – 64
   Barex® – 105
   coextrusão – 53, 64, 76, 78, 117
   consumo mundial – 4, 99
   copolimerização – 69, 87, 130
   densidades – 62, 68, 69, 109
   estrutura – 22, 28, 32, 52, 56, 63, 67, 68
   garrafas para leite e detergentes – 67
   mercados – 12, 65, 66, 67
   moldado por injeção – 56, 58, 64
   poliestireno de alto impacto (PSAI) – 83
   polímeros nitrílicos (HNP) – 104, 105
   ponto de fusão – 64, 70, 71, 72, 89
   produção – 149
   produção europeia/consumo – 99
   propriedades – 63
   reciclagem – 58
   sistema de código para resina da SPI –
    (Society of the Plastics Industry) – 59
   temperaturas de selagem a quente – 64
   transparência – 54, 56, 63, 64, 66, 67, 68, 71
   uso em forno de micro-ondas – 11, 44, 45, 72, 84
   vantagens – 33, 39, 58, 110, 118, 145
Polietileno de baixa densidade (PEBD) – 66
   avaliação de desempenho do perfil do mercado – 67
   avaliação do desempenho ambiental – 67
   avaliação do desempenho técnico – 67
   blenda com EVA – 68
   blenda com PELBD – 68

coextrusão – 53, 64, 76, 78, 117
consumo mundial – 51
densidades – 62, 68, 69, 109
deposição de sílica – 116, 120, 121
estrutura – 31, 78, 127
manufatura – 15
mercados – 65, 66, 67, 70, 82
produção – 4, 22, 51, 149
produção europeia/consumo – 51
propriedades – 103
sistema de código para resina da SPI –
(Society of the Plastics Industry) – 59
temperaturas de selagem a quente – 63, 147
Polietileno de densidade muito baixa (PEUBD) –
54, 59, 61
densidades – 62, 68, 69, 109
produção – 149
propriedades – 103
Polietileno de ultrabaixa densidade (PEUBD) – 24,
50, 54, 59, 63
densidades – 62, 68, 69
propriedades – 103
Polietileno linear de baixa densidade (PELBD) –
24, 50
avaliação de desempenho do perfil do mercado – 144
avaliação do desempenho ambiental – 144
avaliação do desempenho técnico – 146, 147
benefícios – 10, 17, 21, 24, 26, 27, 38
blendas – 89, 105, 110, 115, 116, 114
EVA – 68, 73, 77
EVOH – 56, 73, 77, 78, 79, 96
PEBD – 111
coextrusão – 53, 64, 76, 78, 117
com base metaloceno – 61, 68, 70
densidades – 62, 68, 69, 109
estrutura molecular – 63, 67, 68
estrutura – 22, 28, 32, 52, 56, 58
filme, reciclagem – 58
mercados – 12, 65, 66, 70, 82
metalizado – 26, 71, 91, 96, 100, 106
preço – 17, 93, 105
produção europeia/consumo – 51
propriedades – 67
temperaturas de selagem a quente – 68
Polietileno tereftalato (PET) – 59
amorfo (APET) – 50, 91
comparação com PVC – 68
avaliação de desempenho do perfil do mercado – 58
avaliação do desempenho ambiental – 58
avaliação do desempenho técnico – 59
blenda PEN – 89
blendas de EVOH – 127
blendas poliméricas e ligas – 126
consumo mundial – 4, 99
copolímeros PEN – 93
cristalizado (CPET) – 91
etiquetas – 133

filmes – 90, 138
como material de etiqueta – 145
propriedades – 90
garrafas – 87
acetaldeído – 89
envase a quente – 62, 72, 76, 90, 108, 117, 147
perda de dióxido de carbono – 88
pesos – 109
reciclagem – 58
latas – 39
mercados – 65, 66
metalização a vácuo – 90, 121
metalizado – 26, 71, 91, 96, 100, 106
produção europeia/consumo – 51
propriedades de barreira – 5, 6, 9, 11, 13, 24
reciclagem – 58
refrigerantes – 12, 39, 41, 59, 87, 88, 106
revestimento com PE ou PVdC – 95, 100
termoformado – 64, 70, 83, 84, 85, 90, 91
Polietileno tereftalato amorfo (APET) – 59
Polietileno tereftalato cristalizado – 108
Polímero, uso do termo – 50
Polímeros à base de vinila – 50, 73
Polímeros de cristal líquido (LCPs) – 110
liotrópico – 110
termotrópico – 110
vantagens – 33, 39, 58, 110, 118, 145
Polimetilmetacrilato *veja* Perspex – 50
Polimetilpenteno – 61
Poliolefinas – 61, 74, 96
coextrusão com náilon – 78
conformação – 43, 45, 54, 55, 58, 62, 63
laminados – 6, 14, 21, 32, 39, 71, 77, 91
poli(metilpenteno) – 61
polibutileno – 61
vantagens – 33, 39, 58, 110, 118, 145
veja também polietileno; polipropileno – 61
Polioxifenileno (PPO) – 84, 108, 109
adição ao poliestireno de alto impacto (PSAI) – 109
Polipropileno glicol – 100, 137
Polipropileno – 61
aditivos – 124
alto impacto (PSAI) – 81, 83
adição ao poliestireno de alto impacto (PSAI) – 83
atático – 69
avaliação de desempenho ambiental – 62
avaliação de desempenho do perfil do mercado – 62
avaliação do desempenho ambiental – 62
avaliação do desempenho técnico – 62
blenda PPO – 84, 108, 109, 127
cargas – 24, 52, 62, 67, 70, 124
catalisadores com base metalocênicos – 6, 63, 68
consumo mundial – 4, 99
copolimerização com polímeros nitrílicos – 69,
87, 130
(HNPs) – 105
copolímeros 105, 109, 110, 117, 126, 130
impacto – 83, 107

índice remissivo

169

cristalinidade – 62, 64, 69, 89, 96
deposição de sílica – 10, 116, 121
espuma de poliestireno expandido – 83
espuma de poliestireno extrudada – 83
etiquetas – 133, 135
filme biorientado – 54, 71, 90
filme – 70
   não orientado – 70, 71
   biorientado – 90
isotático – 69
manufatura – 15
mercado – 10, 143
moldados – 110, 115, 124, 125, 139
biorientados – 6, 54, 70
plásticos ondulados – 72
poliestireno (PS) – 81, 83
produção europeia/consumo – 166
propriedades
propriedades de barreira – 103
reciclagem – 58
Sistema de código para resina da SPI
   (Society of the Plastics Industry) – 59
temperatura de selagem a quente – 63, 147
uso em fornos de micro-ondas – 11, 44, 45, 64
uso geral – 83, 90
   propriedades – 103
Polissulfeto de fenileno – 108
Politetrafluoroetileno (PTFE) – 124
Poliuretanas – 109
Polpa de madeira, composição – 22, 100
Polpa moldada – 28, 83, 148
   avaliação de desempenho do perfil do mercado –
     144, 146
   avaliação do desempenho ambiental – 160, 162
   avaliação do desempenho técnico – 146, 147
Potes de boca larga – 5, 15, 72, 87, 89, 90, 130
   PET – 87, 90, 91
   polipropileno (PP) – 61, 69, 71, 72
   vidro – 35
Potes termoformados, paredes finas – 72, 127, 128
Potes, materiais usados – 6, 13, 21, 143
Pouches de recozimento – 127
Pouches stand-up – 90
Preocupação ambiental – 75
   papel – 21, 22
   veja também reciclagem – 58
Presunto – 96,110
Processamento de plásticos – 53
   conformação sob pressão na fase sólida – 58
   contêineres termoformados – 85
   esquema do processo de sopro – 36, 54, 89, 96
   fabricação do filme – 54
   filme calandrado – 76
   filme soprado – 54, 76, 95
   moldação rotacional – 58, 66
   moldagem de plástico rígido – 54
   moldagem por extrusão e sopro – 77

moldagem por injeção – 15, 54, 56, 57, 64
moldagem por injeção e sopro – 57, 64, 65, 66,
   70, 72, 74
moldagem por injeção, estiramento e sopro da
   pré-forma – 15, 54, 56, 57
plásticos expandidos – 58, 166
processo sopro-envasa-sela – 91, 120, 127, 129
sistemas assépticos – 56
temperaturas de selagem a quente – 63, 147
termoformagem rotacional – 58
Processos de fabricação de papel – 21
   cilindro – 16, 45, 122, 123, 134
   degradação da lignina – 22
   descoramento/alvejamento – 23, 24, 75
     produção de dioxina – 75
     uso de oxigênio e dióxido de cloro – 24
     uso de produtos químicos clorados – 23
   Fourdrinier – 23
   métodos a seco para modificar propriedades – 24
   novos desenvolvimentos – 26, 38, 43, 68
   uso de aguapé – 27
   uso de bagaço – 22, 27
   uso do feno – 22, 34, 100
Processos de impressão – 16
   flexografia – 16, 30, 132
   rotogravura – 16
   impressão – 27, 28, 30, 38, 44
   jato de tinta – 16, 30, 132
   litografia *offset* – 16
Processos sopra-envasa-sela – 56
Produção, mundo – 26, 32, 43, 51, 149
Produção/consumo europeu – 3
Produtos alimentícios oleosos – 77
Produtos alimentícios secos – 27, 89, 103, 138
Produtos de confeitaria – 7, 138
   revestimentos – 120
Produtos de entrega doméstica – 11, 12
Produtos de laticínios – 82
   veja também queijo; leite – 76, 96, 99, 110, 120
Produtos de toalete – 74
Produtos químicos – 74, 75, 77, 95, 105
Produtos sensíveis à luz – 126
Produto fresco – 11, 13, 83, 138
Prolongamento de tempo de vida de prateleira –
   88, 91, 11, 136
Propriedade mecânica e de superfície – 47, 107, 125
   Modificadores – 125
Proteção ao sabor – 34
Proteção de aroma – 71, 77, 90, 105, 119
Proteção estática – 122
PVC, Sistema de código para resina da SPI
   (Society of the Plastics Industry) – 59
Publicidade – 5

Q

Quantidade de materiais utilizados, estratégias de
   redução – 3, 4, 5, 105, 128
Queijo – 76, 78, 96, 99, 110, 120

R

Reciclabilidade – 149
Reciclagem – 26, 58
  economias – 42
  efeitos ambientais – 8, 23, 100
  estruturas compostas papelão-metal – 127
  garrafas – 87
  latas de alumínio – 42
  papelão ondulado – 28
  PEN – 92, 93
  plásticos – 49
  policloreto de vinila (PVC) – 73
  poliestireno (PS) – 81
  polietileno de alta densidade (PEAD) – 26, 65
  polietileno tereftalato (PET) – 87
  sistema de código para resina da SPI –
    (Society of the Plastics Industry) – 59
  taxas de material de embalagem nos EUA
  veja também ambiente
  vidro – 35
Recursos naturais – 07
Redução em embalagem – 05, 08, 10
Refeições congeladas – 92
Resina de barreira Selar – 126
Resina K – 85
Resistência à permeabilidade aos gases, polímeros
de cristal líquido (LCPs) – 110
Resistência mecânica – 36
Resistência química – 146
Reutilização – 149
Revestimento de barreira a produtos químicos – 71
Revestimento de barreira ao gás – 127
Revestimento de policloreto de vinila
  e vinilideno – 73
Revestimento de selagem a quente – 63
Revestimento de zeína – 138
Revestimento shellaca – 138
Revestimentos de cera na produção – 121
Rotulagem dentro do molde – 56, 135
Rótulos comestíveis – 138

S

Sachês, materiais usados – 13, 21, 24, 137, 138, 143
Sacolas de compras – 67
Sacolas de papel, multiparedes – 130
Sacolas – 32, 64, 65, 66, 67, 120
  materiais usados – 21, 143
  polipropileno (PP) – 69
Sacos para cozimento – 117
Sacos termoencolhíveis em água quente – 76
Sacos – 15
  materiais usados – 72
  plástico – 62
Saladas, resfriadas – 128
Saran® – 76
Selagem – 63, 68, 71, 147

Seleção *veja* escolha de materiais
Semilíquidos – 128
  sensível à pressão – 130, 134
  sintético com base água
    cola branca – 47, 129, 130
    poliacetato de vinila (PVA) – 73, 79, 130
Sistema de código para resina da SPI
  (Society of the Plastics Industry) – 59
Sistemas de embalagens para líquidos em papel
  cartão – 44
Sistemas de observação de artigos eletrônicos – 136
Sistemas magnéticos – 136
Substituição de materiais – 5
Suco – 64, 77, 78, 79, 118
Surlyn® – 78, 110

T

Tambores e bombonas de aço – 28, 45
  revestimento – 6, 23, 24, 120
Tampas de aperto – 49
Tampas de cortiça – 34
Tampas *flip-top* – 72
Tanques de armazenamento – 49, 66
Técnicas de enchimento asséptico a frio – 117
Tecnologias de imagem – 16
Teflon® – 124
  Termoplástico – 24, 49, 50, 54, 58
    adesivo fundido – 130
    revestimento com selagem a quente – 147
Terra diatomácea – 137
Tetra Pak® – 127
Tintas de segurança – 132
Tintas fotocromáticas – 133
Tintas invisíveis (podem ser lidos por ultravioleta) –
  131 – 133
Tintas sensíveis à umidade – 133
Tintas termocromáticas – 132
Tolerância à água – 146, 147
Tratamentos e revestimentos superficiais – 120
  deposição de sílica – 116, 121
    substratos – 118, 130, 132, 134, 135
    vantagens – 58, 110, 118, 145
  extrusão – 15, 24, 53, 54, 66, 71
  impregnação de cera – 121
  metalização a vácuo – 90, 121
    desenho do metalizador a vácuo – 122
    metalização por transferência – 123
    processos – 15, 16, 22, 23, 26
  plástico – 49
    fluoretação – 64
    tratamento de chamas – 125
  propósito – 119, 123, 124, 125
  tradicional – 121, 131, 135
  uso do aço inoxidável – 123
Tritello – 128
Tubos colapsáveis, materiais utilizados – 15
Tubos de pasta de dente – 77
Tyvek® – 26, 135

índice remissivo

U

UK, fornecimento de embalagem – 99, 108, 143
Ultem – 108
Ultravioleta – 52, 92, 93, 126, 127, 131, 132
   barreiras – 50, 63, 72, 93, 97
   estabilizantes – 74, 91, 124, 125, 126
   tintas curáveis – 132
Ureia-formaldeído (UF) – 49
USA – 55, 107, 11, 151
   fornecimento de embalagem – 143
   taxas de reciclagem de material de embalagem – 9
Uso anual mundial de materiais de embalagem – 4
Uso em aerossóis – 41, 42
Utilização de materiais, melhoria – 9, 68
Utilização de resíduos – 6

V

Vectra – 11
Vegetais, frescos – 85, 138
Veja também vidro – 15, 35
Vendas, efeito da embalagem – 5, 16, 17, 74
Versatilidade de conformação – 146, 147
Viabilidade Pan-Europeia – 145
Vida de prateleira – 11, 117, 136
Vidro – 35
   ampolas – 36
   avaliação de desempenho do perfil do mercado – 144
   avaliação do desempenho ambiental – 148
   avaliação do desempenho técnico – 146
   baixo peso – 37, 92, 109, 145
   custo da matéria-prima como porcentagem do custo do contêiner – 6, 7
   desempenho de barreira – 13, 56, 69, 109
   desvantagens – 35, 84

   estilos de embalagem – 13, 14
   frascos, 36
   garrafas pequenas – 89, 105, 127
   jarros de boca larga – 72
   manga termoencolhível – 37
   manufatura – 15, 40
      energia necessária – 149
      ingredientes – 35
      processo a sopro – 36, 56, 96
      processo com pressão e sopro – 36
   metalizado – 91, 96, 100, 106
   nichos de mercado – 12, 38
   novos desenvolvimentos – 16, 26
   opções de decoração – 144, 145
   papel glassine – 25
   pipeta – 36
   produção mundial – 4, 22
   propriedades – 103, 107
   reciclagem – 26, 28
   recozimento – 117, 118, 123, 127, 147
   redução de danos superficiais – 36
      etiquetas de proteção – 83
      reduzindo a tensão interna – 36, 58
      revestimento superficial – 37, 88, 110, 115, 116, 120
   resistência mecânica – 95, 105, 107, 122
   resumo dos métodos de manufatura – 13, 15
   revestimento plástico para aumentar – 6, 120
   revestimento superficial – 37, 88, 116, 120
   tensão – 64, 66, 67, 71, 72
   uso de espuma de poliestireno – 28, 91
   uso de mangas impressas termoencolhíveis de PVC – 134
   vantagens – 39, 58, 110, 118